普通高等院校环境设计专业实训“十三五”规划教材

现代景观设计教程

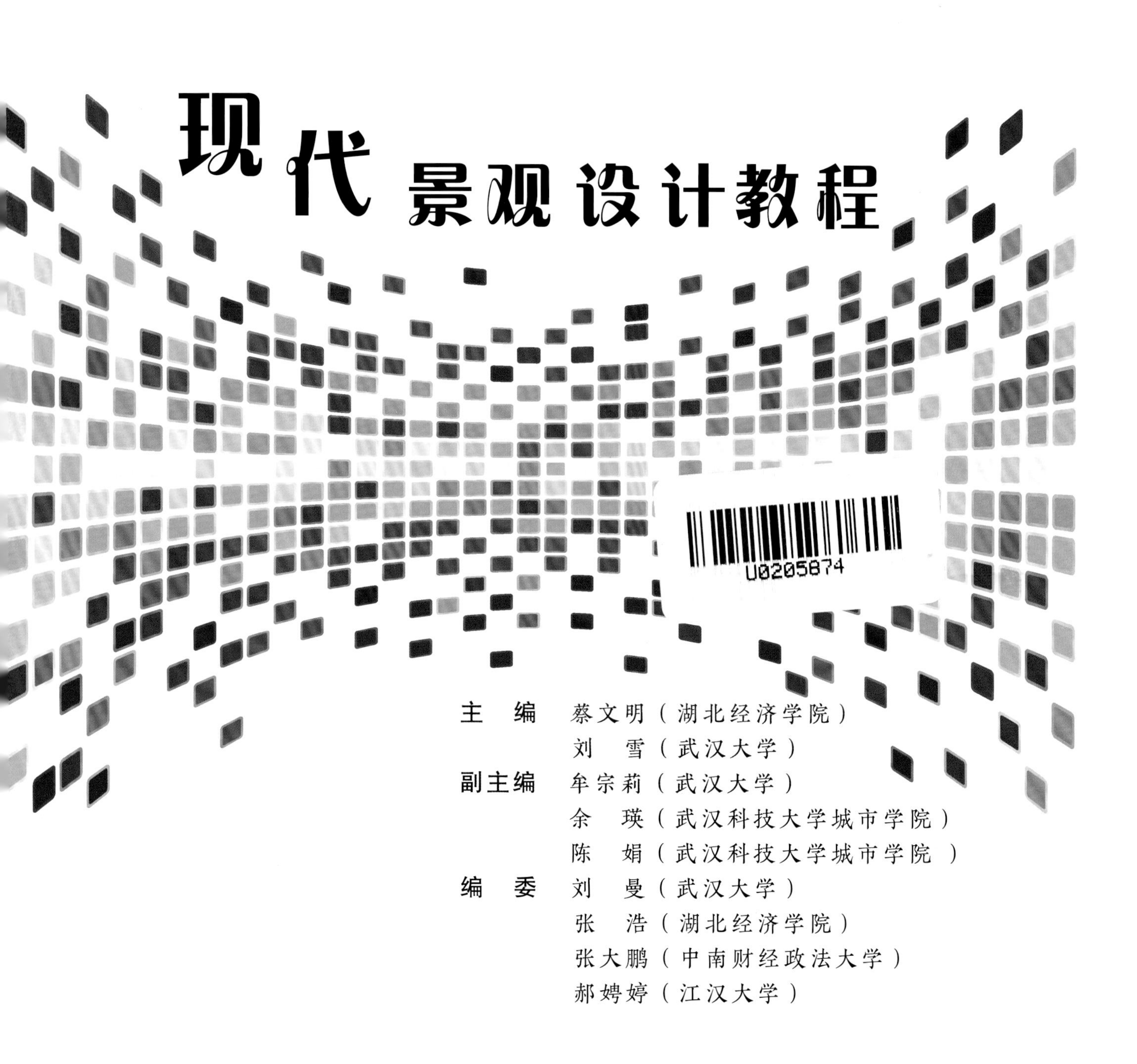

主　编　蔡文明（湖北经济学院）
　　　　刘　雪（武汉大学）
副主编　牟宗莉（武汉大学）
　　　　余　瑛（武汉科技大学城市学院）
　　　　陈　娟（武汉科技大学城市学院）
编　委　刘　曼（武汉大学）
　　　　张　浩（湖北经济学院）
　　　　张大鹏（中南财经政法大学）
　　　　郝娉婷（江汉大学）

西南交通大学出版社
·成都·

图书在版编目（CIP）数据

现代景观设计教程 / 蔡文明，刘雪主编. —成都：西南交通大学出版社，2017.7
普通高等院校环境设计专业实训“十三五”规划教材
ISBN 978-7-5643-5616-3

Ⅰ. ①现… Ⅱ. ①蔡… ②刘… Ⅲ. ①景观设计－高等学校－教材 Ⅳ. ①TU983

中国版本图书馆 CIP 数据核字（2017）第 168174 号

普通高等院校环境设计专业实训“十三五”规划教材

现代景观设计教程

主编◇蔡文明 刘 雪

责任编辑	杨 勇
封面设计	何东琳设计工作室
出版发行	西南交通大学出版社 （四川省成都市二环路北一段 111 号 西南交通大学创新大厦 21 楼）
发行部电话	028-87600564 028-87600533
邮政编码	610031
网 址	http://www.xnjdcbs.com
印 刷	四川玖艺呈现印刷有限公司
成品尺寸	210 mm × 285 mm
印 张	10.25
字 数	213 千
版 次	2017 年 7 月第 1 版
印 次	2017 年 7 月第 1 次
书 号	ISBN 978-7-5643-5616-3
定 价	49.80 元

《现代景观设计教程》作为高等院校设计学“十三五”规划教材，将由西南交通大学出版社出版，以序致贺。

蔡文明系武汉大学的博士生，对学术科研有饱满的热情，作为高校教师的他有着多年的环境设计、旅游规划、园林设计、景观设计的教学实践和丰富的知识经验积累。由于对教学需求趋向的切身体验，他构成了教材“现代景观”“设计教程”选题，从而确定了这一书稿命题。作者思绪新颖，智慧之光闪烁，关注角度独到，才形成他特有的理论综述架构。重视理论与实践相结合，能以务实和努力的品格为表率，方成就并完善了这本新书。

作者参与多项旅游环境规划课题项目，热爱大自然，也热衷于中国的传统文化，多次自驾游全国各地名胜古迹，给本书景观素材提供了依据。中国的古典园林和现代的景观设计都是与中国传统文化密不可分的，中国的传统文化中“天人合一”的思想在中国古典园林中和现代的“可持续景观”“海绵城市”中得以充分体现。中国人在自然的山水中营造园林，在都市园林中构架自然的山水，与“景观都市主义”不谋而合。景观建设、生态先行，这是近几年普遍被大家认可的原则。景观建设最根本的任务是营造舒适的生态的人居环境，这也是景观这个行业存在的价值。只有遵循生态性原则，才能营造出适合的，能体现以人为本的，实用性与文化性兼具的景观。而不是一味追求面子工程，堆大山挖大湖，大面积硬质铺装的昂贵奢华的景观。

当前的景观设计早已脱离传统意义上的环境单一设计，而是在整个社会发展中扮演着重要生态意义的角色，随着景观都市主义的倡导与发展，其目的是将整个城市理解成一个完整生态体系，通过景观基础设施建设来完善城市生态系统，同时将城市基础设施功能与其社会文化需要结合起来，使当今城市得以建造和延展。

本书除了介绍景观设计的基础知识，还重点编写了新思潮景观设计及国外景观设计，使读者了解前沿的景观设计理论及案例：景观都市主义、低碳景观设计、后现代景观设计、英国的景观设计、德国的景观设计、美国的景观设计。

书稿中有很多完整的实际案例分析，通过大量的案例、图片全面有效地分析了景观设计的核心内容，使读者会从中学到景观设计的理念、步骤以及设计表达方法。愿读者能从此书中受益，得到锻炼，掌握景观设计的基本方法、知识。

湖北经济学院教授

湖北经济学院旅游规划与发展研究院院长

湖北经济学院新闻学院院长

王远坤

2016年12月

本书作者在多年的环境设计、旅游规划、风景园林、景观设计的教学实践中，有着丰富的知识与经验积累。

景观设计也有着自己系统的造景理论体系，它并不是规划的“装饰品”。景观设计应该在认知生态环境伦理的基础上对环境整体的设计——自然文明的设计、社会文化的设计相结合的产物。

“海绵城市”在景观环境中的作用至关重要，中国景观设计的前沿理论在俞孔坚看来是：“景观学就是一门以国土生态修复、海绵城市建设及美丽城乡建设为对象，对土地及土地上的所有物体所构成的综合体进行认知与分析、开展规划与设计、进行工程与管理的科学、艺术与工程技术的综合学科。”

本书是基于《环境景观快题设计》基础上再版修订，置换掉了该书中的落后案例，增加了“景观都市主义”、“低碳景观”、“后现代景观”的景观设计前沿思想和英国、德国、美国等国外景观设计案例分析。本书的目的：一方面是把自己平时从事设计方案整理分析，尤其是大型旅游规划项目中的环境景观设计，与业界同行共同探讨；另一方面，也为环境设计、风景园林、旅游学、城乡规划、建筑学等专业学生提供系统学习范本，起到一个“抛砖引玉”的作用。

本书主要内容包括：景观设计的概述；景观设计的方法；景观的单体设计；景观整体方案设计；景观设计涉及范畴；新思潮景观设计；国外景观设计。教材内容丰富，层次分明，图文并茂，直观生动，深情诠释，使“景观”、“设计”、“基础”、命题理念得以完美的呈现。通过大量的案例、图片全面有效地分析了景观设计的核心内容。

本书修订撰写的作者主要分工为：蔡文明、刘雪编写第一章、第四章、第五章、第六章；牟宗莉编写第七章；余瑛编写第三章；陈娟编写第二章；刘曼、张浩、张大鹏、郝娉婷主要参与部分章节的文字与图片整理。书稿中的图片多数为本人参与规划项目及教学过程中指导学生作品，这些也仅仅用于教学使用，感谢各位参与编写的作者。 由于时间仓促，能力有限，书中难免有缺陷，还望读者批评指正。

最后非常感谢所有帮助和关心过我的人！对武汉大学张薇教授、湖北经济学院王远坤教授、西南交通大学出版社郭发仔社长、杨勇编辑的指导帮助表示诚挚的谢意！

蔡文明

2017年1月写于珞珈山

目录

绪 论

1. 本课程的性质和任务

本课程性质：专业基础核心课程。

本课程任务：掌握景观设计的基本内容：概念设计、表现方法、图纸内容、单体设计、整体设计；了解前沿的景观设计理论及案例：景观都市主义、低碳景观设计、后现代景观设计、英国的景观设计、德国的景观设计、美国的景观设计。

2. 本课程的内容和要求

本课程内容包括：景观设计的概述；景观设计地方法；景观的单体设计；景观整体方案设计；景观设计涉及范畴；新思潮景观设计；国外景观设计。

学习本课程要求：有理念、有方法地完成景观设计方案。

3. 本课程的学习方法

学习本课程方法：理论联系实践。

第一章　景观设计概述

第一章课件

本章知识点：

◎ 景观设计内容。
◎ 景观设计类型。
◎ 景观设计形式。
◎ 景观设计发展。

学习目标：

本章是了解景观设计概念的章节，从景观概念到景观设计概念，学生应了解与掌握，同时了解不同的景观设计类型及形式特征，对景观设计发展有个清晰的认识。

第一节　景观设计内容

不同的人对景观会有不同的理解，不同的行业或学科对景观也会有不同的定义。景观是自然景色和人文综合景色的环境设计，是美学、建筑、艺术的综合载体，以自然景观为设计源泉思想，通过设计师人为的艺术提炼和升华，从而创造出人性美的环境，是多个学科的综合体现。景观设计是在道路、构筑物、植物、水体等一体的景观构成元素基础之上，表达其设计思想。

1. 景观的概念

景观（Landscape）是指土地及土地上的空间和物体所构成的综合体。它是复杂的自然过程和人类活动在大地上的烙印。

“景观”最初是指留下了人类文明足迹的地方；到了17世纪，“景观”作为绘画艺术在欧洲影响较大，成为专门的绘画术语，即陆地风景画；18世纪，“景观”与“园艺”联系较为紧密；19世纪“景观”用于地质学家、地理学家的研究范围，代表“一大片土地”，定义为一种地表景象。

在现代，“景观”的应用更加广泛：生物领域的生态系统、旅游领域的资源特色、商业领域的美化特征等。

2. 景观设计

景观设计（Landscape Design）包括自然环境景观设计、人工环境景观设计、社会环境景观设计。它是建立在空间限定和时间序列的基础要素概念上的时空表现艺术。

景观规划（Landscape Planning）是指在较大尺度范围内，基于对自然和人文过程的认识，协调人与自然关系的过程，具体说是为某些使用目的安排最合适的地方和在特定地方安排最恰当的土地利用；而对这个特定地方的设计就是景观设计。

3. 环境景观设计

环境景观设计是在道路、构筑物、植物、水体、公共服务设施、环境小品等一体的景观构成元素基础之上，表达其设计思想。

环境景观不仅仅是单纯的自然或生态现象，它也是文化的一部分。因此环境景观设计要在主题创意的基础上，将自然和人文思想一并表达出来。

第二节　景观设计的形式特征

一、景观设计的类型

景观规划设计按照区域范围和层次可分为国家景观规划、区域景观规划、部门景观规划等；按照景观规划的性质可分为污染综合防治规划、生态规划、专题规划等；按照景观设计的表达方式可分为景观概念设计、景观项目设计、景观策划设计。

1. 景观概念设计

景观概念设计是用于设计前期的构思部分，核心内容是找创意切入点。一般是用于设计比赛和考试中，可以通过"分点式""分段式""分块式"等方法表现景观的布局、空间及艺术形态。

2. 景观项目设计

景观项目设计是结合景观项目背景及设计任务书相关内容对景观项目完整的快题图纸表达。表达图纸内容如下：资源分析图、总平面图、道路分析图、功能分析图、立面图、剖面图、景观节点大样图、鸟瞰图等，以及以上图纸内容的排版设计。

3. 景观策划设计

景观策划设计主要是针对旅游目的地景观环境的设计，旅游目的地环境除了静态景观环境外，还有大量的动态策划类景观环境。

二、景观形式的表达

1. 多元性

景观设计构成元素是多方面的，有自然因素、人文因素、社会因素。自然因素包括：天然水体、天然植物、天然地形等；而人文因素包括：名胜古迹、地域文化、民俗文化、寓意文化等；社会因素包括：社会现象、价值观念、审美观念等。

2. 生态性

现代景观设计的生态性主要体现在地质、地形、水体、土地应用、动植物等方面。快题的创意形式表达首先要强调生态概念，景观的生态性是解决当前全球资源环境破坏问题的首要前提，是当前现代景观设计的国际主流趋势。

3. 时代性

现代景观设计的时代性不仅仅体现在对景观空间概念、现代材质等景观特征上，还体现在经济现象、文化发展等社会特征上。现代景观设计是一个时代的写照，有鲜明的时代特征。

三、景观设计评价标准

1. 景观设计的“以人为本”要求

一个好的景观设计需要考虑使用者的功能需要、需要人的活动需要、考虑人活动时对空间的感受，应该以人为本。

2. 景观设计的“地域特征”考虑

景观设计应该符合地域特色和当地的文化传统，满足周围环境与景观内部的协调性。每个地域都有其地方性文化和传统，景观设计应体现独特的文化品位和景观的地方个性。

3. 景观设计的“可持续”发展

景观设计应该是可持续发展的特点，不但要考虑到景观建成时的效果，同时考虑到若干年后的发展与变化。

第三节 景观设计的发展

景观设计的发展最早的造园行为可以追溯到 2 000 多年前祭祀神灵的场地、供帝王贵族们狩猎游乐的苑囿和居民为改善居住环境而进行的绿化栽植等。

苑、囿是划定较大面积的自然林野让鸟兽繁育，并在其中建造亭、台、宫殿等建筑物。居室附近的绿化最初种植果树、蔬菜、药草等，后来逐渐发展成观赏植物。

我国的皇家园林、私家园林、寺观园林的发展中有很多典范。中国的古典园林体现了天、地、人的自然融合，主要要素是山、水、花草和建筑，构成了“天人和一”的关系。

景观设计发展的当前，已经从边缘走向综合，内容涉及艺术、园林、建筑、地理学、生态学、美学、环境心理学等相关学科的综合。

现代景观设计担负起了维护和重构人类景观使命，为现代人的居民环境提供合宜的生存空间。

本章小结：

本章重点介绍了“景观”概念及发展、景观设计的概念，介绍了景观设计的类型：景观概念设计、景观项目设计、景观策划设计介绍了景观设计的形式表达与评析标准。最后介绍了景观设计的发展特征。

思考与练习：

1．景观的概念、景观设计的概念。

2．景观设计类型特征、评析标准。

3．景观设计的发展特征。

第二章 景观设计方法

第二章课件

本章知识点：

◎ 景观概念设计的定义和意义。

◎ 设计思维方法与表达。

◎ 景观设计中总平面图、功能分析、道路分析、剖立面、竖向图、景观节点、大样图、透视及鸟瞰图的表达。

◎ 多种方法的综合设计。

学习目标：

了解概念设计的含义，掌握概念设计思维方法及景观设计各阶段图纸的表达方法，学习和了解多种方式方法的综合设计。

第一节 概念设计

一、概念设计的定义

概念设计是以形象进行设计描述，不拘泥于任何设计形式的、抛开技术因素，通过无拘无束的探索和自由联想来表现创意最初阶段的一种方法，它并不是完整的设计形态，而是整个设计过程中的一个环节。其内涵通常体现于设计过程之中，它是设计师利用设计概念并以其为主线贯穿全部设计过程的设计方法。在设计的各个阶段，设计师会遇到如何利用结构来满足功能要求的问题，概念设计实际上就是探讨初期设计构想和机能关系的阶段。此阶段表现为一个由粗到精、由模糊到清晰、由抽象到具体的不断进化的过程。（图 2-1）

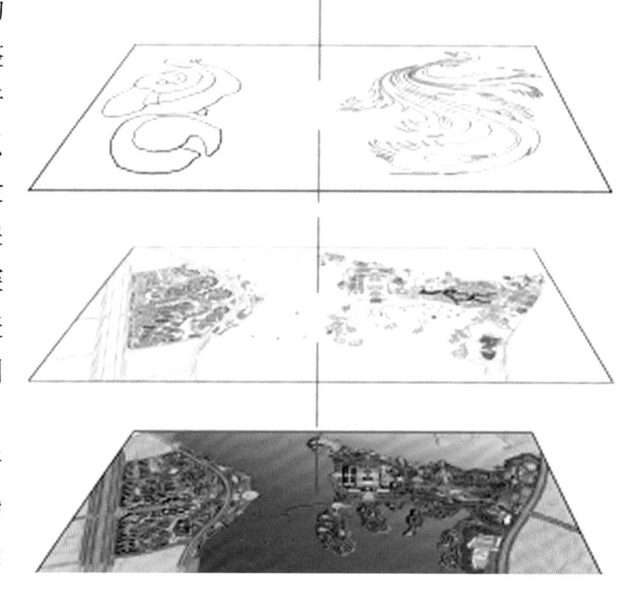
图 2-1 概念设计由抽象到具体

概念设计构思是从随意、开放的徒手画开始的，它表现为一系列创造性的、活泼的、杂乱的示意图。简易的几何线条、随意勾勒的线框、泡泡、箭头及其他抽象符号足以表现平面、剖面图的初步构思。（图 2-2）

概念设计通过设计概念将设计者瞬间的感性思维上升到理性思维，从而完成整个设计。在概念设计阶段，不对尺寸关系做精确要求，而是充分调动人类的推理思维及幻想思维，应用节奏、层次、空间、韵律、色彩等设计要素去匹配功能。对于概念设计方案，可以使用彩铅或马克笔进行表现，应使概念构思快速、自由地流露于图纸上，不要为了追求图纸美感反而使思维受限。

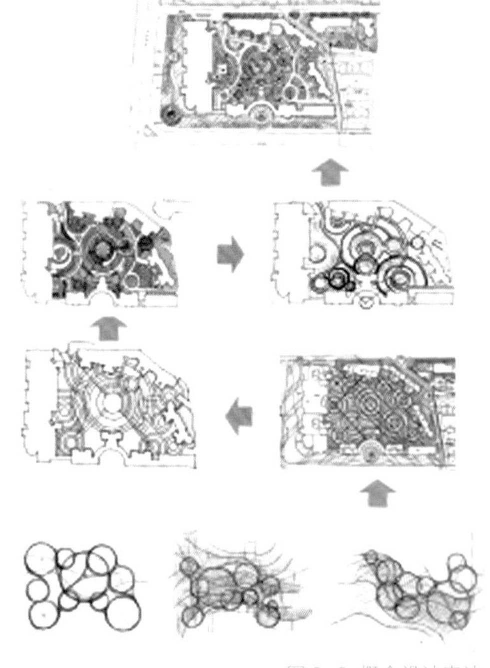
图 2-2 概念设计表达

二、概念设计的意义

（1）概念设计是科研项目的前性概念设想，突破和创新是概念设计的灵魂。在设计中往往需要协调功能和形式的关系，解决概念中对设计所要求的功能。

① 在工业设计中，概念性方案能充分体现创造性思维，概念产品是一种理想化的物质的存在形式；在建筑设计中，通过概念设计可以在不经数值计算的情况下，依据整体结构体系与分体系之间的力学关系、结构破坏机理、震灾、试验现象和工程经验所获得的基本设计原理和设计思想，解决一些难以作出精确理性分析的问题，去解决概念中对设计所要求的功能概念。

② 在景观设计中，通过概念设计能概括其内在的复杂过程，表达概念设计的意义与内在哲理。景观概念设计有多种形式，一些概念设计方案强调视觉效果，也有一些方案尝试去唤起人们的感觉。艺术哲学概念能表达一个项目的外形美、地域特点、文化内涵，融入使用者的理想、信仰、价值观，真实反映当地文化和个人特点，从而赋予设计超出美学和功能之外的特殊意义。

（2）以某小区设计方案为例（图 2-3），其设计理念为“城市斑块”，在其概念方案阶段中：

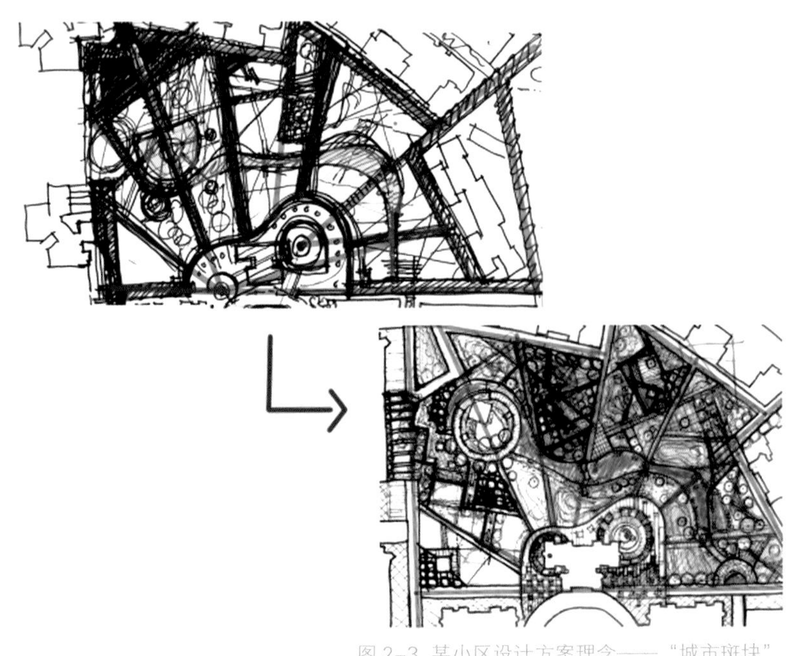
图 2-3 某小区设计方案理念——“城市斑块”

① 主要道路设计为覆盖整个地段的放射状线型道路，跳跃的轴线，仿佛像整个地段的心脏一样有节奏地搏动。

为了营造不同的变化，设计师以南侧主入口为中心，通过放射状线形道路将整个小区划分成有机的、功能各异的几个部分，带给人一系列不同的空间感及社区人文气息，具有规律性的变化会让人体会到建筑、道路等形态之间的互动和认同感。

② 运用散而不乱的线面进行分隔，形成“三点”“八片”景观格局，绿地系统整体中富于变化，也将其核心理念“城市斑块”完美地表达出来。

利用明显的景观节点把各个部分进行连通，通过这些连接，人们很自然地穿越各个不同的区域，不需要经过明显的围栏，也不会令人感觉找不到方向。

③ 通过减少障碍及加强联系的方法，增强小区中心景观向周围空间的延伸。

尽可能地把建筑和景观带联系起来。提升住宅本身的价值和住户的生活质量，以及景观小品的观赏性和使用性。

④ 通过设计标志性构筑物来加强开放空间的识别性（图 2-4）。

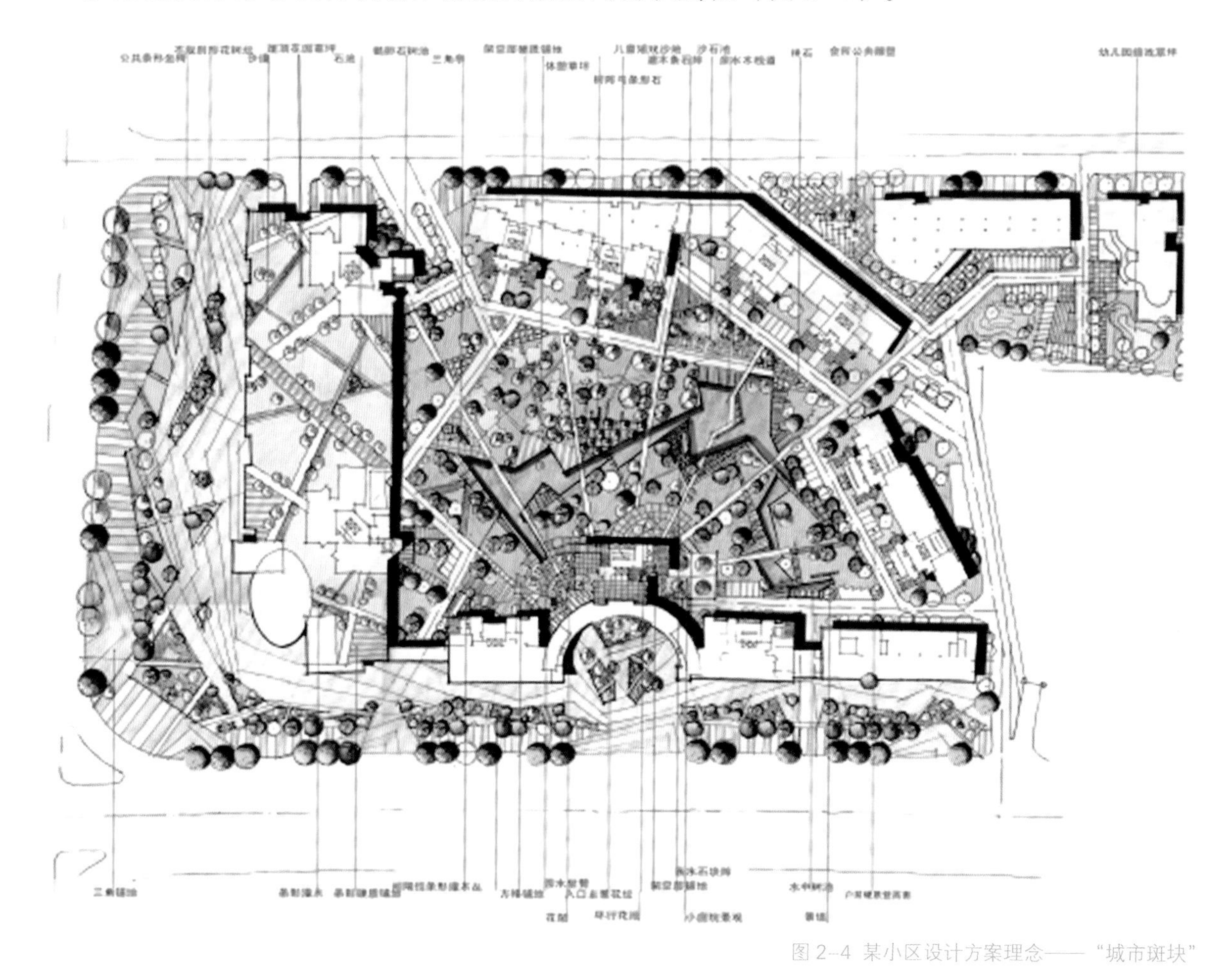

图 2-4 某小区设计方案理念——“城市斑块”

通过标志性的景观实体充分加强各组团的识别性，这些元素会给住户较强的归属感（所处位置），也将成为各组团间的标识，最终构成了整个小区的结构性节点。

景观中的概念设计引导景观设计者、研究者们在美学及技术提升的前提下，创造出更多、更美的原创景观设计作品，在保持全球经济可持续发展条件下，提供给人类生态需求和精神需求的更高追求。

三、概念创意及思维方法

目前，概念设计方法通常用于设计前期的构思阶段和设计竞赛中，概念设计的核心是概念创意，概念创意的提出是归纳性思维的结果。因此，发散的设计分析和想法都应扩展和联想并一一记录下来，以便能充分利用到设计中。（图 2–5）

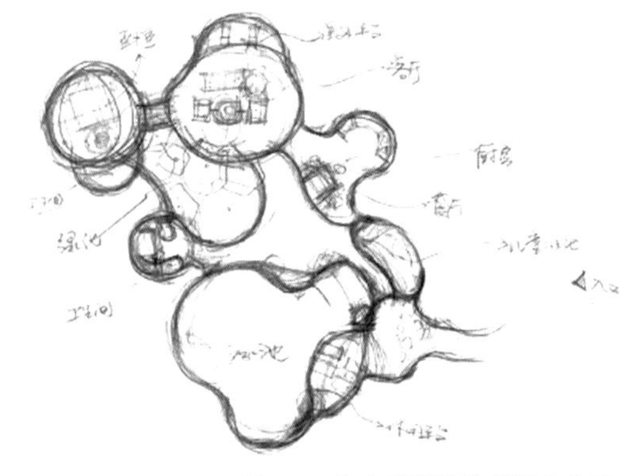
图 2–5 住宅外环境景观概念构思

我们可以运用的思维方法有：

1. 移植思维法

将某一个领域中的原理、方法、结构、材料、用途等移植到设计领域中，有助于我们扩展思维空间，从而创造出新事物。

2. 归纳思维法

对原对象的认知进行系统化整理，从不同思考结果中抽取出共同部分，是一种化整为零、抽象概括设计概念的方法。（图 2–6）

3. 联想思维法

对当前对象进行分析的过程中连带想到许多其他的概念和形象，从而启发思维的灵感，扩展思维的范围。设计者的主体思维差异决定了联想空间的广度和深度。（图 2–7、图 2–8）为大学生设计的广场，设计主题为“蚁力”，一只蚂蚁在游玩之后向蚁穴奔进。大学校园是学生从稚嫩向成熟蜕变的地方，学子们就像蚂蚁一样，勇往直前。

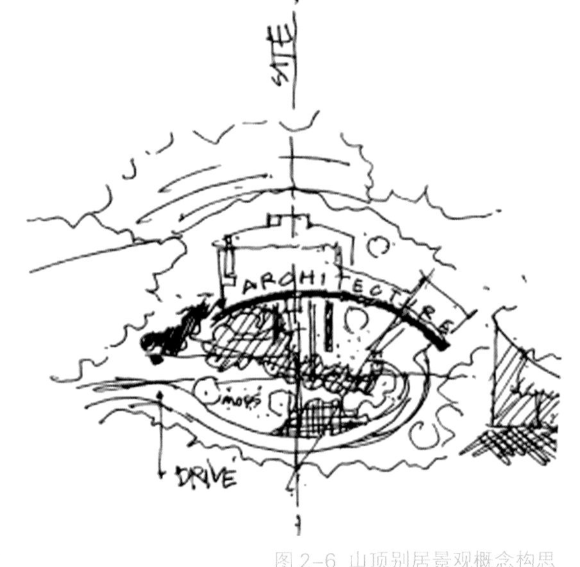

图 2–6 山顶别居景观概念构思

4. 组合思维法

从两种或两种以上对象中抽取合适的要素重新组合以获得新的事物或形式，它可以为创造性思维提供多种材料和途径。

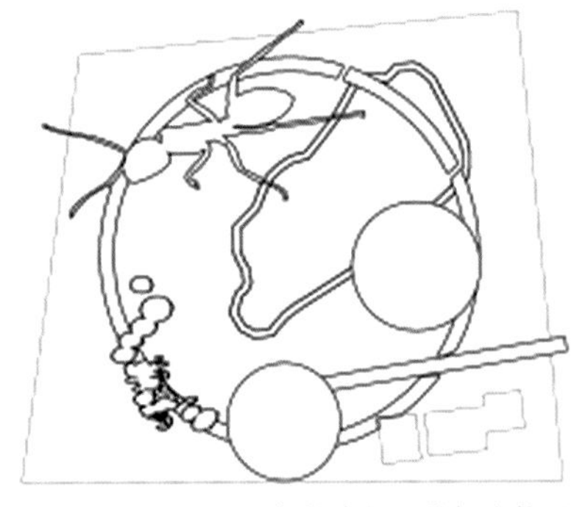
图 2–7 “蚂蚁广场”的概念构思

图 2–8 “蚂蚁广场”的概念构思

四、概念设计的表现方法

景观设计中，由于时间的限制，设计程序会有所简化，其基本概念设计阶段的成果主要包括：配置概念图、概念草图以及分析图。

概念设计阶段的任务是探讨初期设计构思，它们大多是类似速写的草图，对于小的个案来说，它只作为设计师自我交谈的方式，是形成下一步设计构想的记录。

表现方法：简易的平面图、剖面图、小速写或者漫画的形式（图 2-9、2-10）。在配置概念图中可以用泡泡图快速表达出各个区域部分相互联系的方式（图 2-11）；分析图中常附带箭头及其他符号来表达所需要的概念。

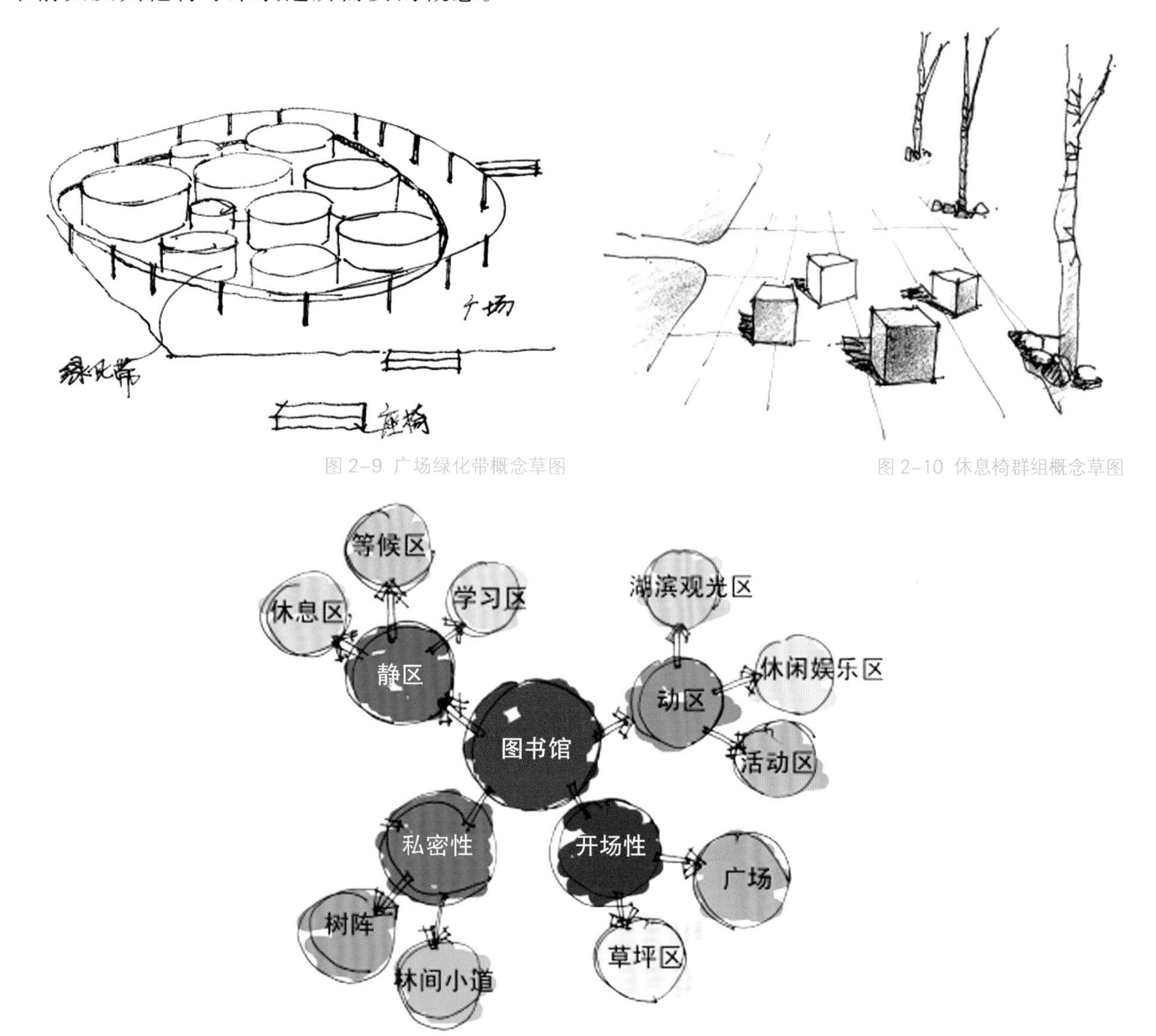

图 2-9 广场绿化带概念草图

图 2-10 休息椅群组概念草图

图 2-11 泡泡图景观概念

第二节 分析设计

一、总平面图的分析与表达

在景观设计中，总平面图是最重要的部分，设计区域范围内的各种景观要素，景观工程总体设计意图能在总平面图上清楚地反映出来。在项目招投标中，设计专家会对总平面图仔细研究，从而发现问题；在课堂上，教师评阅学生的设计图纸从总平面图开始可以快速了解学生的设计意图及思想；在景观考试中，应试者也要重视总平面图，准确地表达出这一最吸引人注意、最能清楚展示功能和形式关系的图纸。

（1）下面我们以某游园总平面图为例（图 2-12），进行具体分析：

① 看图名、比例尺及指北针：了解设计意图、工程性质、设计范围和朝向等。从图中可知该园是一个东西长 55m 左右、南北宽 40m 左右的小游园，主入口位于北侧。

② 看等高线和水位线：了解游园的地形和水体布置情况。从图中可见，该园有一水池设于游园中部。东、南、西侧地势较高，形成外高内低的封闭空间。

③ 看图例和文字说明：明确各构筑物的平面位置，了解总体布局情况。由图可见，该园布局以水池为中心，主要建筑为南部的水榭和东北部的六角亭，水池西侧设拱桥一座，水榭由曲桥相连，北部和水榭东侧设有景墙和园门；西南角布置石山、壁泉和石洞各一处；入口处园路以冰纹路为主，点以步石，南部布置小径通向园外。植物配置外围以阔叶树群为主，内部点缀孤植树和灌木。

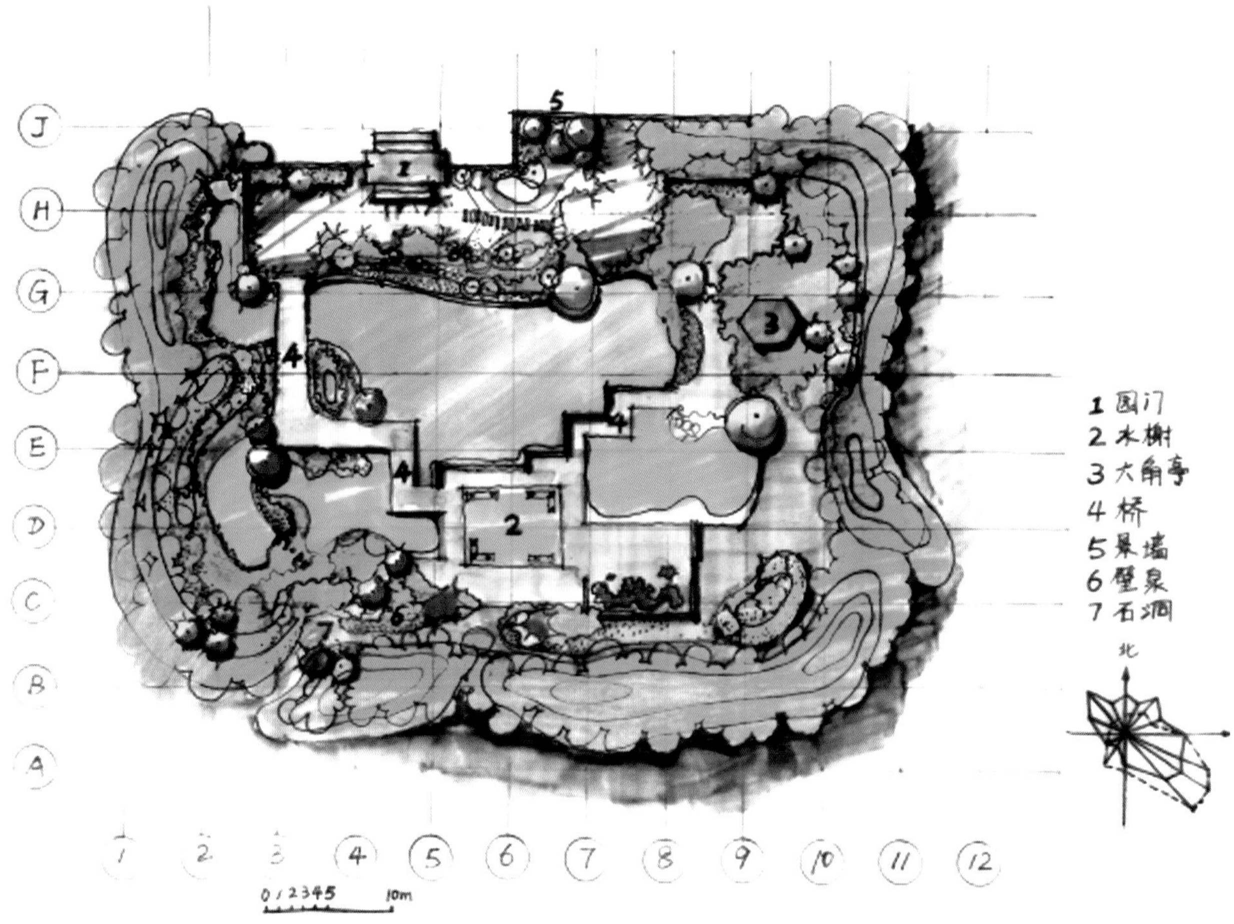

图 2-12 某游园总平面图

（2）绘制总平面图需要注意以下几点：

① 选用恰当的图例表现设计元素（图 2-13）。

所选图例不仅要符合制图规范还要简洁美观，其形状、线宽、颜色要有合理的处理，绘图时采用不当的图例会影响总体功能布局的展示，甚至可能造成图纸的误读。

② 主次分明，整体感强。

图中对于重要场地和元素的绘制比较详细，而对于一般元素则简单概括，以达到主次分明的效果。（图 2-14）

围墙及大门（通透性质的围墙）	围墙及大门（实体性质的围墙）
台阶	路旁座椅
停车位	停车位
P	P

图 2-13 平面图例

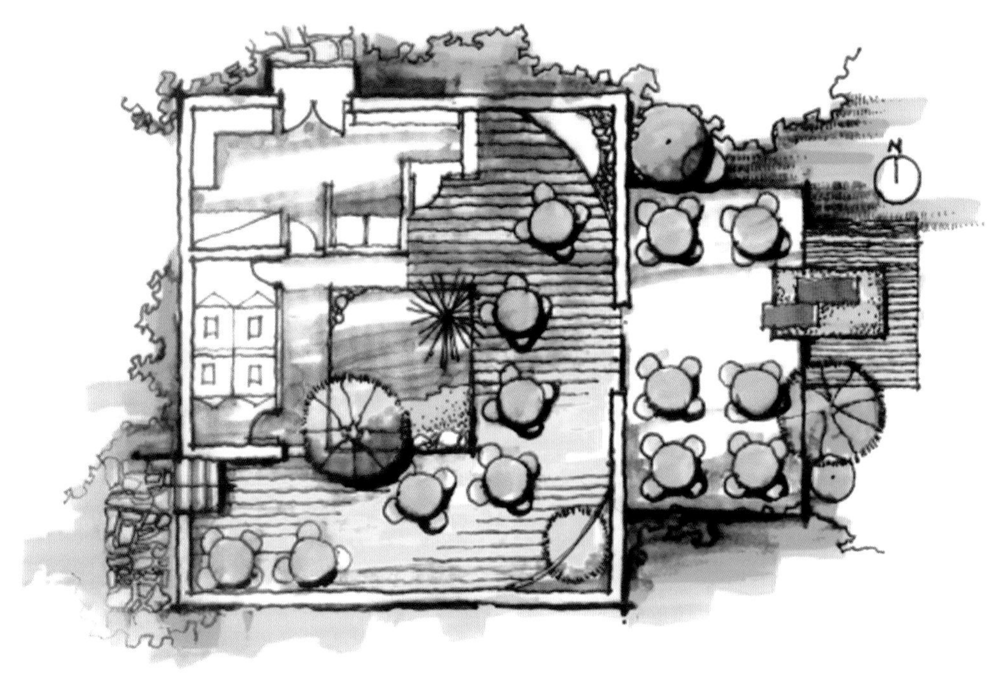

图 2-14 餐饮吧平面图

尤其在景观考试中，考生切勿花太多时间绘制单个图例而忽略了画面整体效果。这里需要注意的是，景观考试考察的是设计的整体构思，总平面图上植物图例的绘制，一般只需要区分出乔灌木、常绿落叶即可，专业的种植设计则需要反映具体树种，所以总图上是以不同轮廓、尺度和色彩来区分不同树木。（图 2-15）

③ 层次丰富，空间感强。

总平面图反映的是从空中俯视场地的效果，除了通过线宽、色彩和轮廓来强调主从之外，还可以通过元素的遮蔽，例如上层元素遮挡下层元素，以及投影来增强画面的空间感（图 2-16、2-17）。我们发现有些绘图者对投影的处理过于草率，一种错误是投影方向不一致。（图 2-18）投影一般采用斜 45° 角，北半球的投影朝上（图 2-19），但有时为了满足人的视觉习惯，且投影在图像下面更有立体感，也绘制成投影在下（即南面）。（图 2-20）

另一种错误是没有经过认真分析，对投影画法不重视，绘制稍微复杂形体的投影时出现明显错误，或者面积过大、过密、无投影，其实通过集中练习，即使复杂的形体，其平面投影也是很容易画出的。（图 2-21）

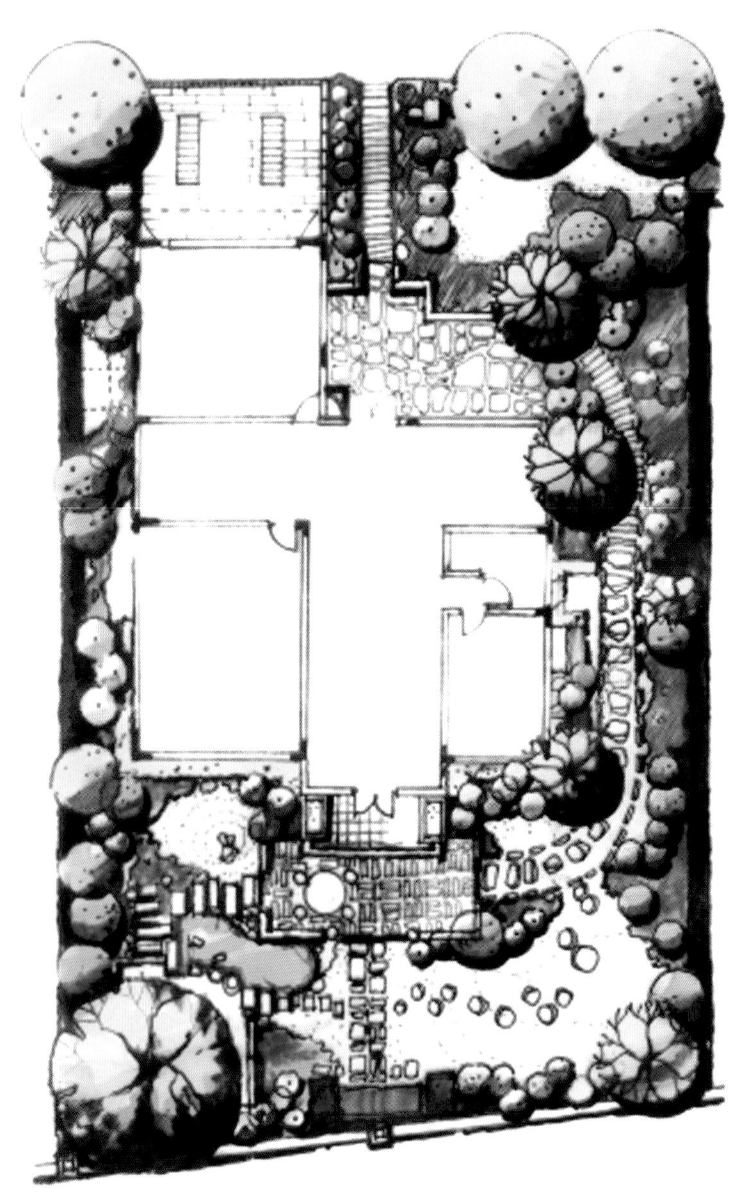

图 2-15 住宅景观平面图

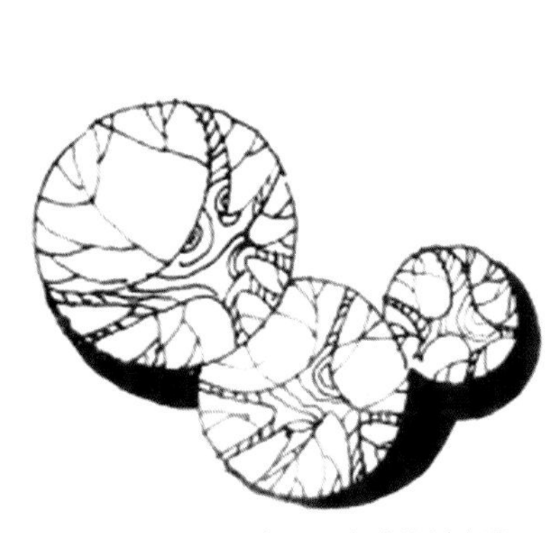

图 2-16 表现层次感的树木平面

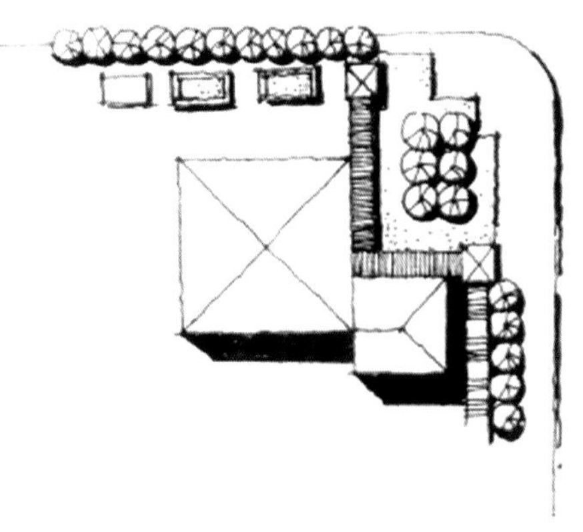

图 2-17 表现层次感的平面图

图 2-18 投影方向不一致

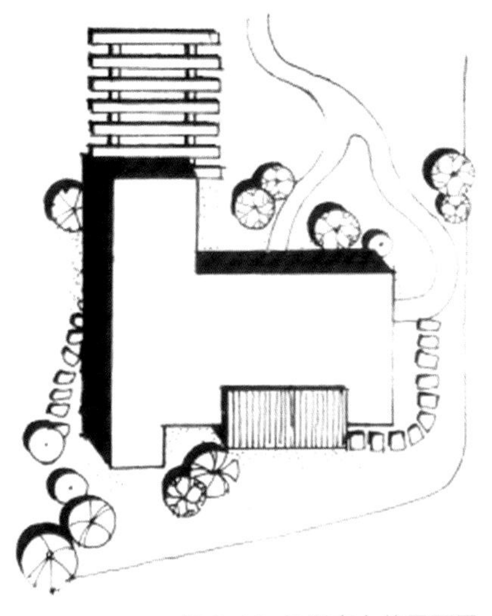

图 2-19 投影在上的平面图

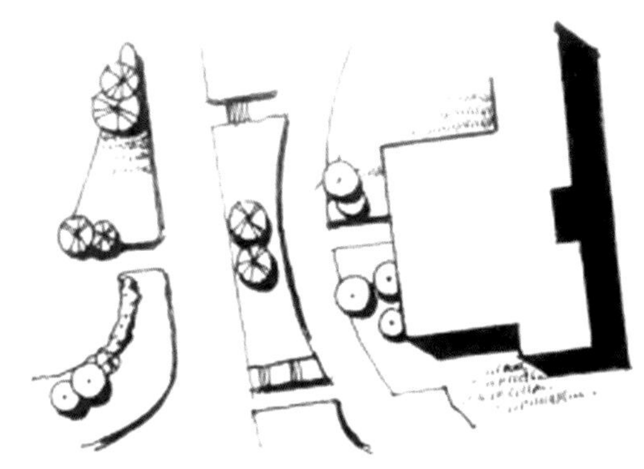

图 2-20 投影在下立体感更好

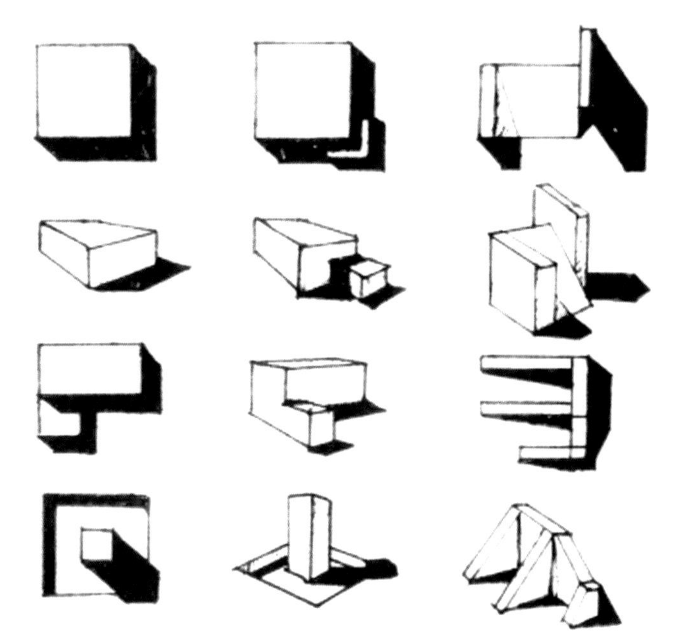

图 2-21 平面图和透视图中的投影

④ 指北针、图例说明、比例尺不可忘。

a. 指北针。

通常，图纸的放置是上北下南，因此指北针的方向应与图纸北向一致，即使倾斜也不要超过 45°，指北针的画法有许多种。在景观设计中，建议选用简洁的指北针图例（图 2-22），这样绘制起来也方便省时。我们发现一些绘图者绘制指北针时带有风玫瑰图例（图 2-23），但是在不知道当地风玫瑰的情况下，不宜随便画上风玫瑰，这从专家的角度来看是一种不严谨的做法，在考试中还会引起阅卷老师的反感，影响对考生的印象。

b. 比例尺。分为数字比例尺和图形比例尺两种，图形比例尺比较直观，且能和图纸一起扩印和缩印，一般结合指北针来画（图 2-24）；数字比例尺方便计算，一般标在图名后面（图 2-25）。

c. 图例说明。图中所有的图例都应在平面图纸中适当位置画出，为了使图面清晰，便于阅读，可对图例进行编号，然后注明相应的名称。（图 2-26）

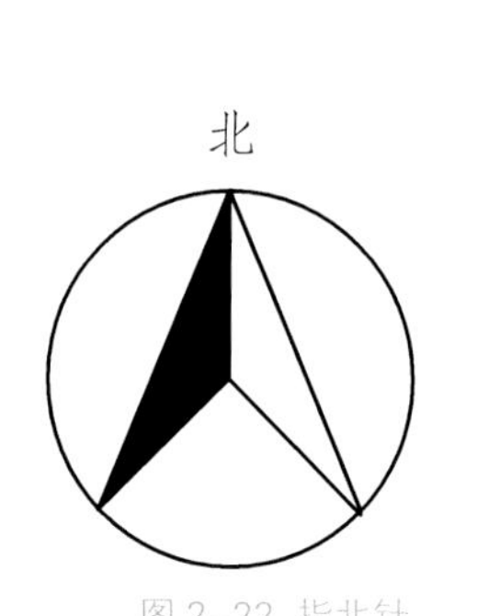

图 2-22 指北针

图 2-23 风玫瑰图

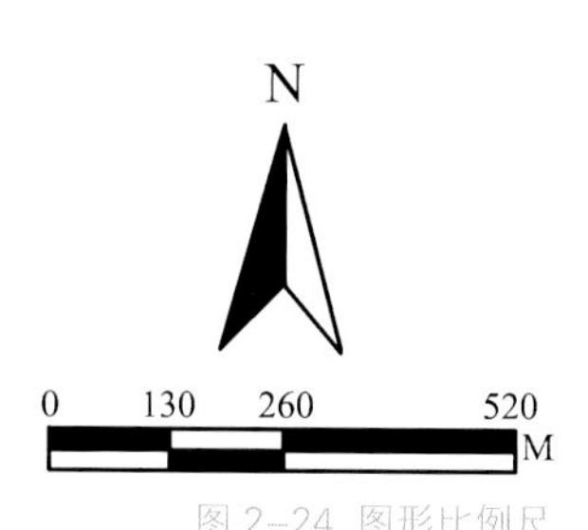

图 2-24 图形比例尺

平面图1：100

图 2-25 数字比例尺

二、功能分析及道路分析

1. 功能分析

功能分析图的思考先于方案设计，首先要列出景观设计包含的功能区，在此基础上确定其分布，然后勾勒出大概的功能分析图框架。随着方案的深入，功能分析图是需要不断调整的，直到方案确定，才能绘制出完整的功能分析图。在景观设计中，功能分析图的绘制一般用色块来表示（图 2-26）。

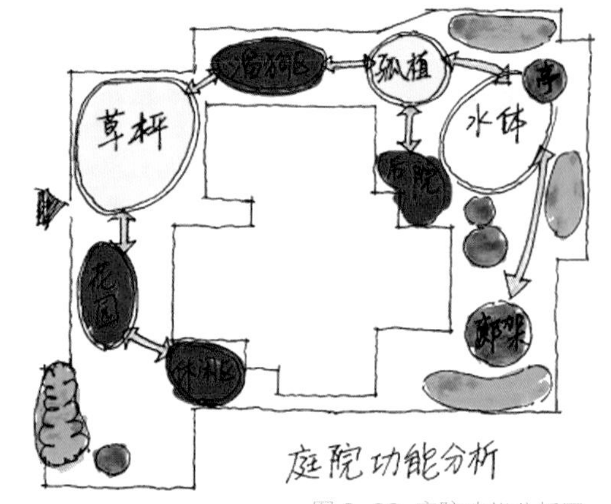

图 2-26 庭院功能分析图

2. 道路分析

道路分析图通常包含人行入口、车行入口、主要车行道路、主要步行道路、游园步道、停车场、消防车道、地下车库入口等内容。这里要注意的是，人行入口、车行入口、车行道路、地下车库入口在规划设计中已经确定了，而步行道路及游园步道则根据景观方案确定。在景观设计中，道路入口一般用剪头表示，道路用虚线段表示，各级道路用粗细及颜色加以区分。（图 2-27）

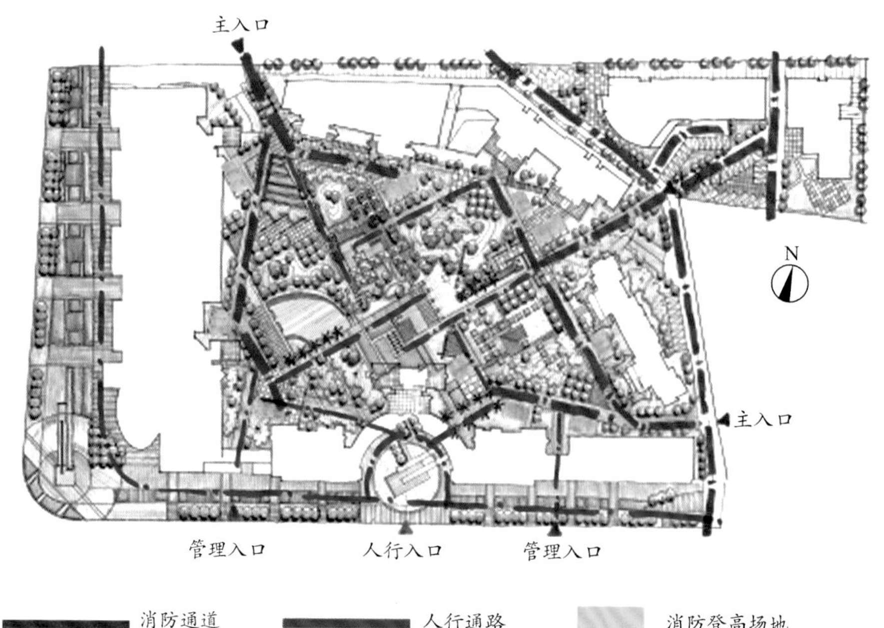

图 2-27 小区道路分析图

三、剖立面及竖向图

景观设计中，竖向空间的表达至关重要，它的表达主要通过剖面、立面、竖向图的方式。

1. 剖面图

剖面图可以直观地显示人、活动以及建筑环境，展现景观视野，并能弥补平面图无法显示某些隐藏元素的缺陷。

绘制剖面图，首先必须了解被剖物体的结构，区分剖到的物体和看到的物体，还必须选择好的视线方向以展示设计优点。剖面图显示了被切的表面或侧面轮廓线。绘图者可自行决定需要表现的元素，但通常较近的物体会以较深的线条来描绘，而较远的物体则以较浅的线条画出。在景观设计中，要注重景观层次感，可以通过明暗对比营造出远近不同的感觉（图2-28、2-29）。

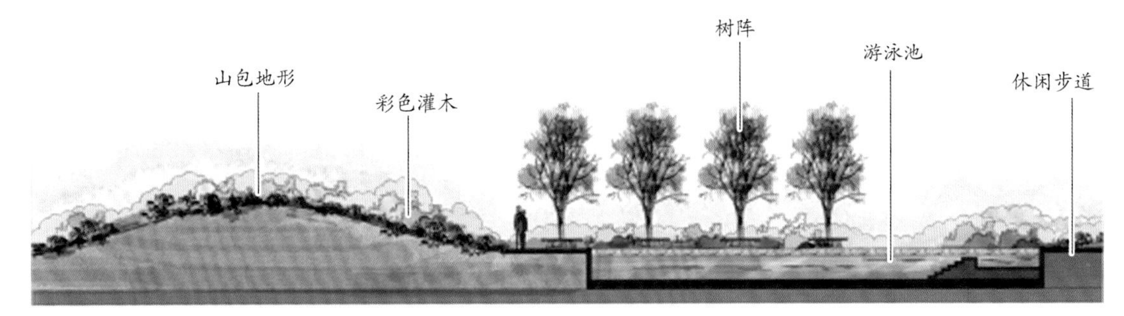

图 2-28 剖面图

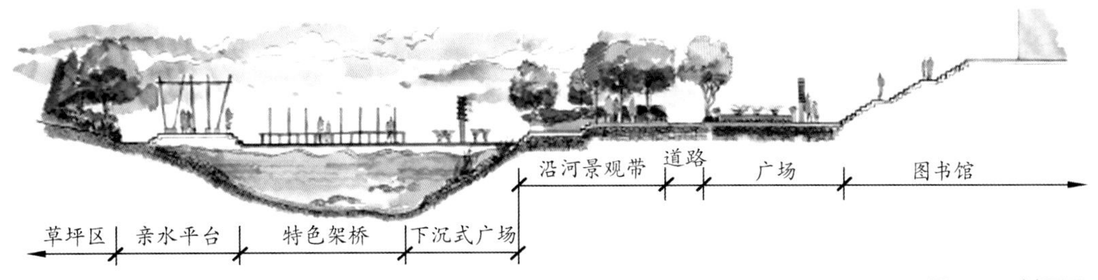

图 2-29 剖面图

2. 立面图

立面图更接近人们实际观看空间，它表达了水平和垂直方位的关系，使人们更易了解景观元素的实际形象。

立面图的画法和剖面图大致相同，区别是并不画出物体的内部结构（图 2-30、2-31、2-32）。

图 2-30 立面图

图 2-31 立面图

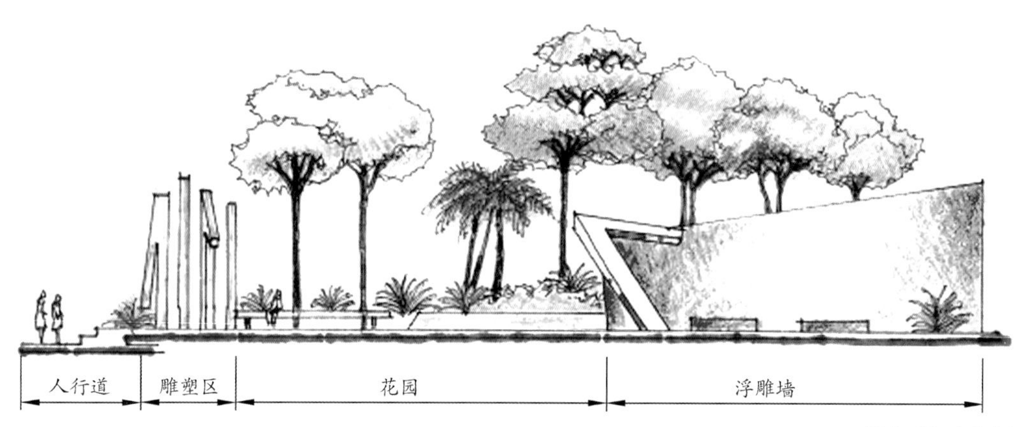

图 2-32 立面图

3. 竖向图

（1）竖向设计用于确定项目高程，形成竖向空间。如公园坡地上下起伏，小区内地面的高低都是竖向设计。由于在实际工程中，建设场地不可能全都满足设想地势，在设计过程中需要对场地进行竖向设计，即对场地进行竖直方向的调整，使之满足建设项目的功能要求。竖向设计是一个非常重要的部分，功能分区、道路设计、景观构筑物的总体布局和安排除了要满足景观设计平面布局要求外，还受到竖向高程的影响，必须兼顾总平面与竖向设计，整体分析和处理各种矛盾和问题，才能保证建设与使用的合理性。

（2）景观设计中，竖向设计有三种表达方法：

① 设计等高线法。是用等高线表示地面、道路、广场、停车场等地形设计情况。等高线能清楚明了地反映地表起伏和地表形态（图 2-33）。这种方法能够将任何一个设计用地或道路与原来的自然地貌作比较，清楚地判别出地面的挖填方情况。相邻等高线水平距离越小，排列越密，说明地面坡度越陡；相邻等高线水平距离越大，排列越疏，则说明地面坡度越缓。

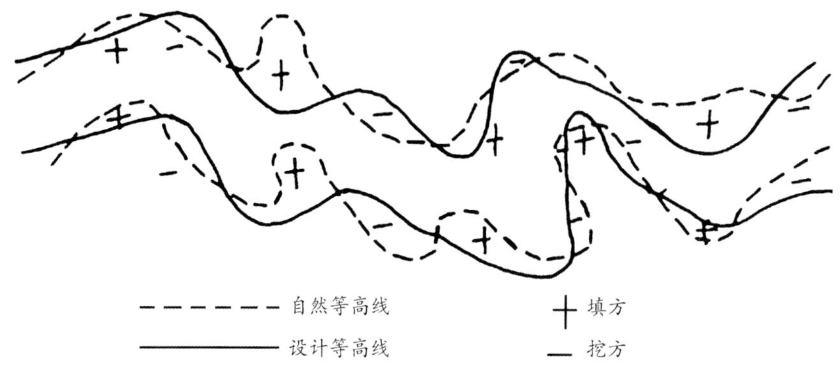

图 2-33 等高线法

② 设计标高法。该方法根据地形图上所指的参照面的高程进行标注，高程数字处等高线应断开，数字要排列整齐。假定周围平整地面高为0.00，则高于地面为正，数字前“+”号省略；低于地面为负，数字前应注写“－”号。高程单位为米（m），并保留两位小数。（图2–34）

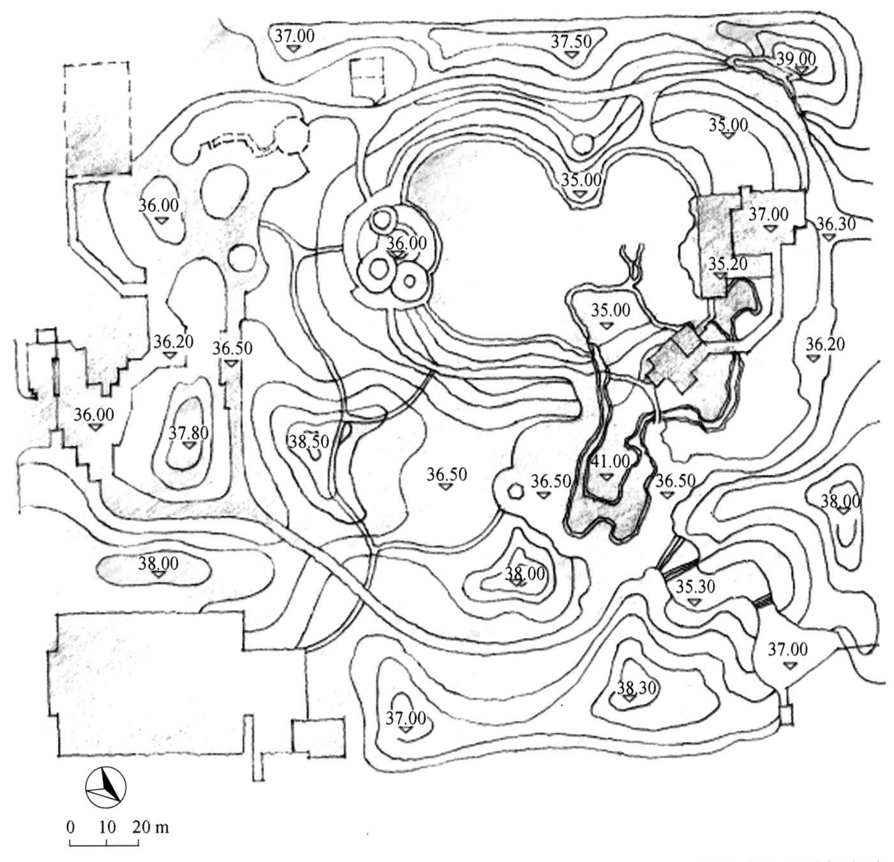

图2–34 设计标高法

③ 局部剖立面。该方法能清楚反映出复杂地形的情况，对于重点地段的地形，坡度、材料结构、构筑物、场地总平面台阶分布等情况的反映最为直接。（图2–35、2–36）

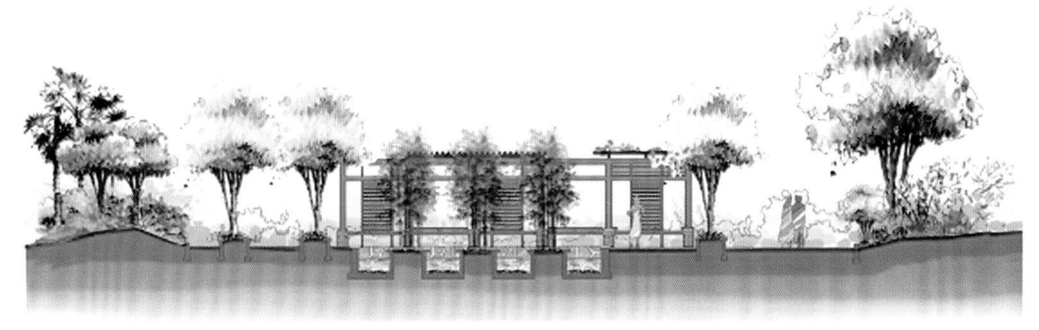

图2–35 局部剖面图

图2–36 局部剖面图

四、景观节点及大样图

1. 景观节点分析图

包括主要景观节点，次要景观节点和景观轴线、景观渗透等，可根据具体设计选择和增减。景观节点分布草图先于方案设计，特别是主要景观节点需要整体考虑。在景观设计中，各个景观节点通常用色块表示，景观轴线用箭头表示（图 2–37、2–38），但并不是绝对的，在一些设计中我们也会看到不同的表达方式（图 2–39）。

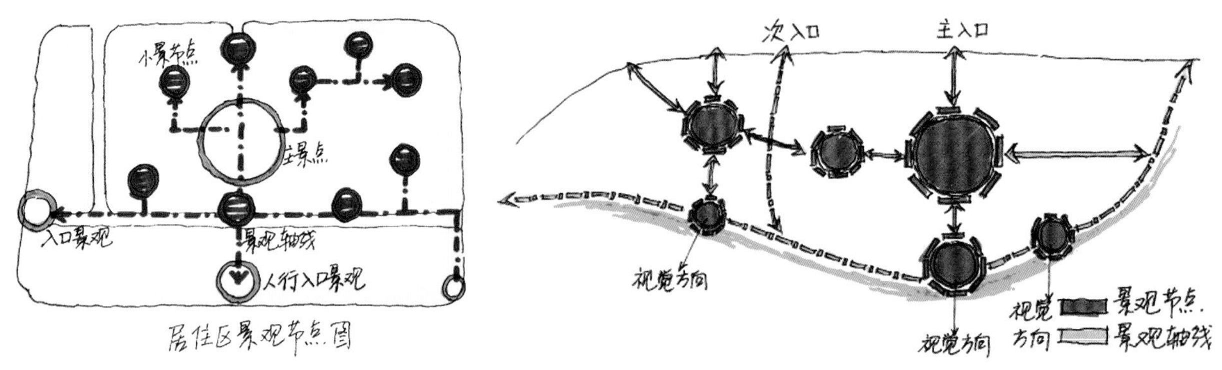

图 2–37 小区景观节点图

图 2–38 滨水游园景观节点图

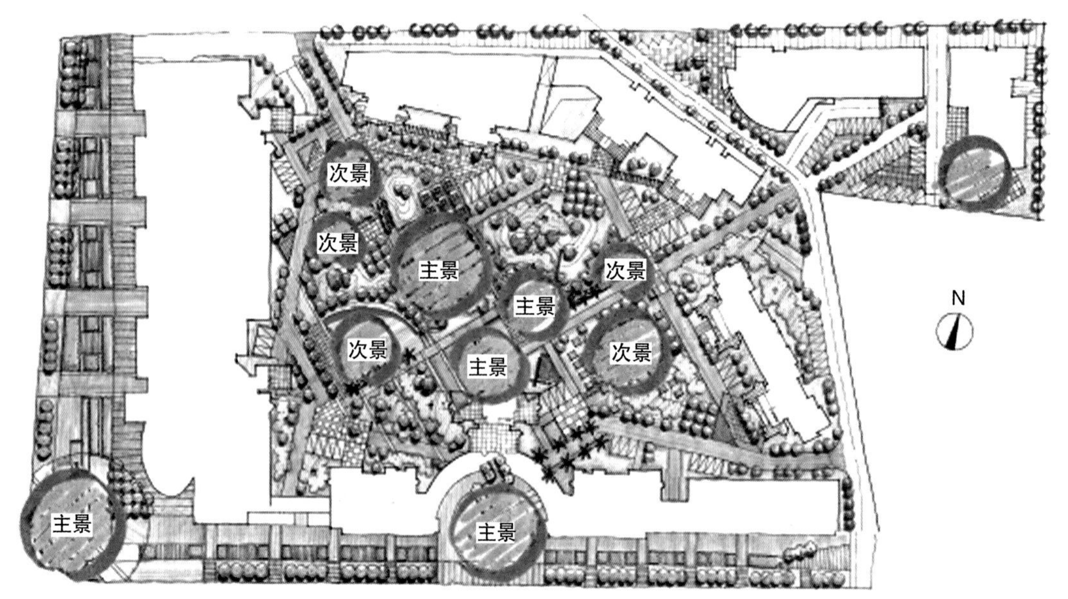

图 2–39 小区景观节点图

2. 大样图

在景观设计中，大样图用于表达某些设计元素、构筑物、景观节点的细节，在总图中不便表达清楚，所以移出画大样图。（图 2–40、2–41、2–42、2–43）

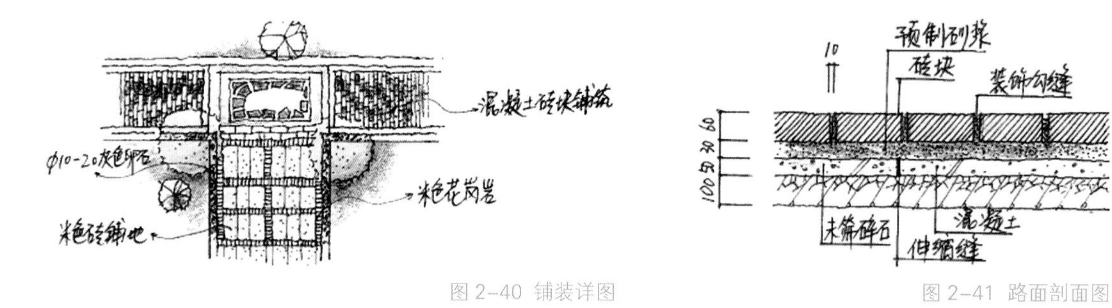

图 2–40 铺装详图

图 2–41 路面剖面图

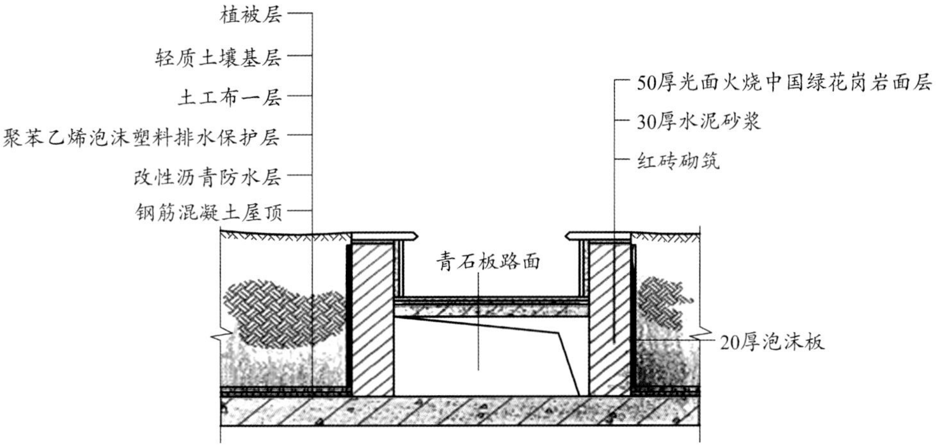

植被层
轻质土壤基层
土工布一层
聚苯乙烯泡沫塑料排水保护层
改性沥青防水层
钢筋混凝土屋顶
50厚光面火烧中国绿花岗岩面层
30厚水泥砂浆
红砖砌筑
青石板路面
20厚泡沫板

图 2-42 花坛剖面图

400×600×20黑色青石板
花架基础
150~300×20不规则黄木纹碎拼
400×600×20黑色青石板
400
400
1 600
400
1 cm沥青伸缩缝
花架基础

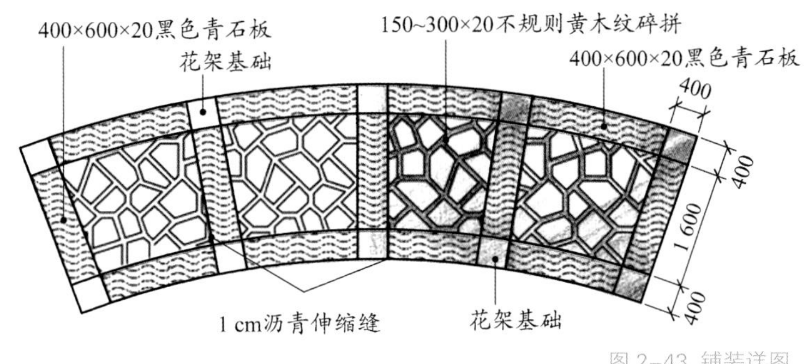

图 2-43 铺装详图

五、透视及鸟瞰图

在景观设计中，平面图、剖立面图、分析图及详图是从多个视角反映景观元素的特征，是对设计元素的分解，但人们还是需要借助自己的空间想象将这些分解的片段组合成一个整体，而透视图能弥补这一不足，较完整地展示空间效果，给人以身临其境的感觉。

1. 透视图

（1）透视图用于模拟真实空间效果，近似人在空间中行走的体验，其视平线通常在 1.5 ~ 1.7 m，即常人的站姿视线高，可以真实表现空间效果。景观设计中最常使用的透视图是一点透视和两点透视，一点透视能全面展示空间效果、天际线形态；两点透视常用来展示某个景观元素形态、强调具体设计的构思。（图 2-44、2-45、2-46、2-47、2-48）

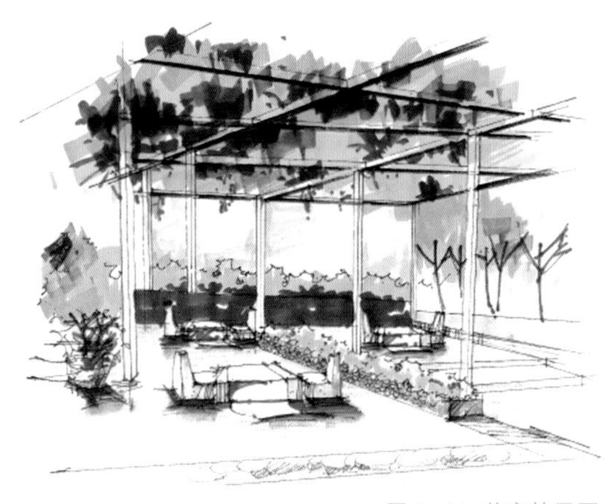

图 2-44 茶亭效果图

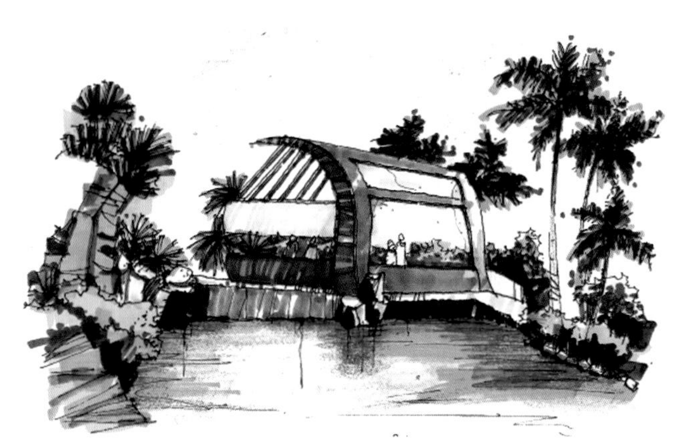

图 2-45 观景廊效果图

图 2-46 住宅小区效果图

图 2-47 茶餐厅中庭效果图

图 2-48 水景效果图

（2）透视图绘制常见问题：

① 仿佛站到半空中看场地，既非常人立于地面的观看效果，又没有取得鸟瞰的效果，透视场景很别扭。[图 2-49（a）、（b）]

图 2-49 常人观看效果（a） 图 2-49 非正常观看效果（立于半空中）（b）

② 整体空间尺度和主要景观元素的透视失真，有时空间尺度过大，元素过小，或反之，元素过大，使得空间看起来太小，都无法取得好的效果。

③ 透视中灭点位置太正，虽然算不上错误，但如果处理得不好，画面效果会显得呆板，视点若偏离画面中心点一定距离，则画面会有侧重点，这样效果会更好。[图 2-50（a）（b）]

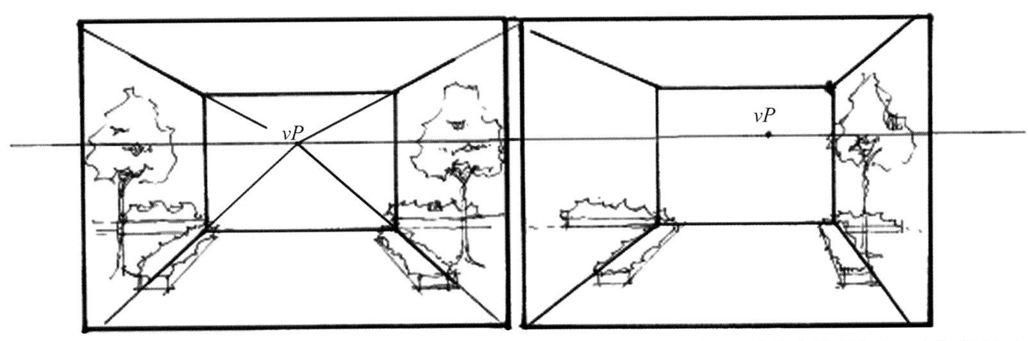

图 2-50 透视灭点位置太正（a）　　图 2-50 透视灭点偏离画面中心一定距离（b）

④ 构图缺乏纵深感，元素使用不当，显得画面过于平淡，没有前后层次。可以通过明确透视消失线，调整景观元素繁简以及近大远小的变化加强画面贯通感，产生吸引人前行、穿越之感，从而丰富整个画面层次。

⑤ 绘制透视图之前，首先要选择好的视角，即视点位置和视线方向。可以采用小幅草图来推敲构图、前景和后景、视线方向，快速抓住重点。

2. 鸟瞰图

鸟瞰图能清楚地体现景观的体量、相对位置关系等，直观地展现景观规划全貌，是表现设计构想的理想方式。景观鸟瞰图是以平面图为依据，在高于视平线的位置观看场地时绘制的效果图，能反映场地空间设计的总体效果，它是透视图的一种，是失真效果，不可像平面图、立面图那样度量。（图 2-51、2-52）

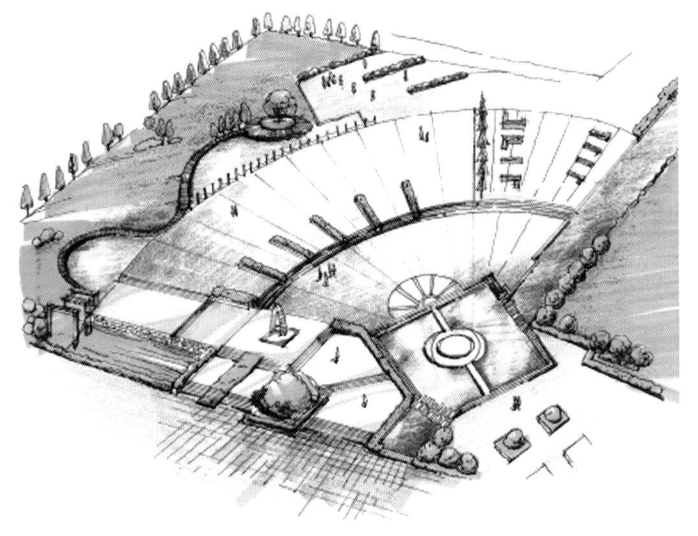

图 2-51 广场鸟瞰图

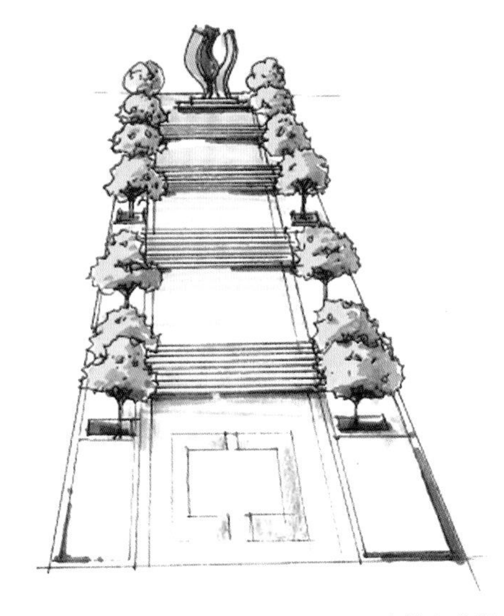

图 2-52 广场鸟瞰图

第三节 综合设计

一、利用多种方式方法设计

1. 景观平面图

景观不外乎是由最基本的点、线、面、体、质感、色彩构成的，设计中可以充分运用点、线条或面块创造多元的景观形态。景观平面图形可分为规则式和自然式。规则式平面的稳定给人以规范和秩序感，适合规模宏大庄重的场景。不规则平面则表现出自然、活波、随意的特征，适合休闲娱乐的景观空间。（图 2–53、2–54）

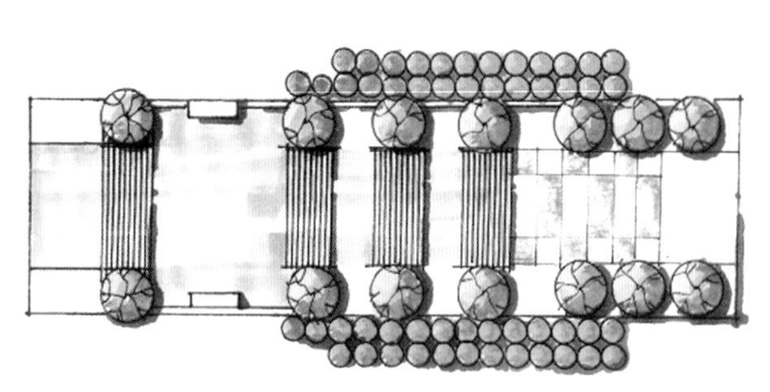

图 2–53 广场平面图

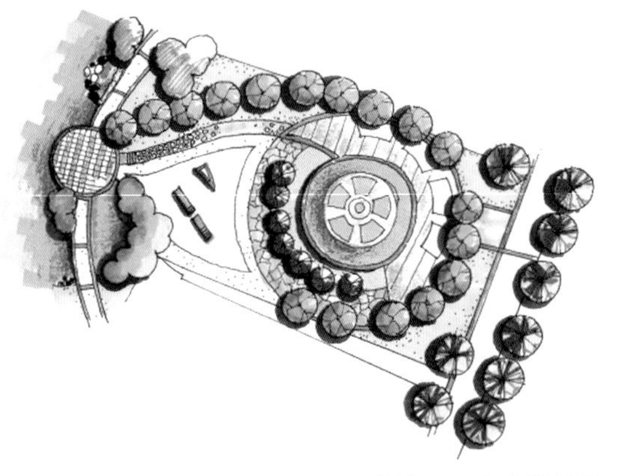

图 2–54 广场平面图

2. 景观设计构思与构图

首先应考虑使用功能，在不破坏当地自然环境的基础上创造出令人满意的使用空间。构图要围绕构思的所有功能，从平面构图开始，将绿化、小品、道路用平面图示的形式表达出来。（图 2–55）

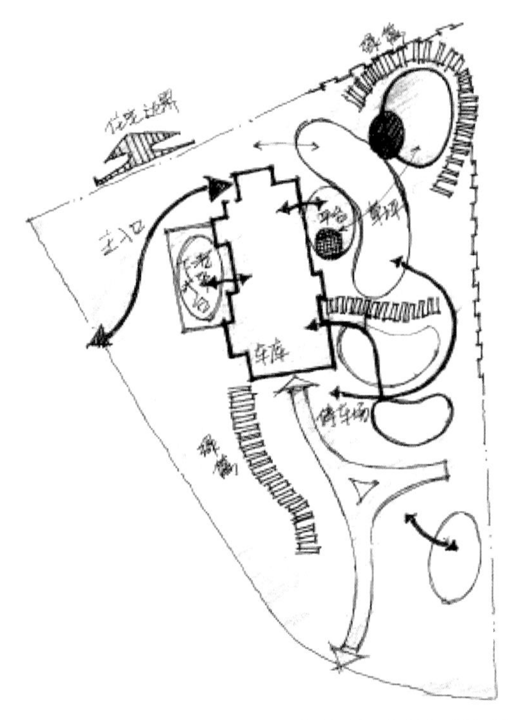

图 2–55 庭院构思草图

3. 景观设计的形式规律

（1）统一与变化。

在景观空间里，景观要素、景区空间、造景形式同时存在，其中必须有主有次，各要素之间互相辅助，彼此联系，从而变成平衡的有机整体。形态、色彩、质感等构成要素是形成统一与变化差异的基础，要产生强烈的形态感情，主要通过大小、长短、宽窄、厚薄、高低、曲直、钝锐、软硬、轻重、疏密明暗、冷暖等的差异来表现。取得整体中富于变化的方法很多，具体形式美法则：

① 采用对景法。

景观设计中非常注重竖向构图，通过在道路轴线尽端的不同地方设计一些可以相互看到的景色，例如从 *A* 点观赏到 *B* 点，从 *B* 点也能观赏到 *A* 点。

② 借景。

通过建筑的组合，将远处的景观借用过来，使远景和近景形成一体。

③ 添景。

如果一处景观只有远景、近景。中间缺乏景观层次的过渡，不免使人感到虚空和乏味，在景观构图中添加小品或树木作为过渡景，景色就会更具有层次美，富于变化。

（2）比例与尺度。

比例是确定构图中的各景观要素之间产生均衡关系的手段。但凡优秀的设计都具有良好的比例关系，运用尺度规律进行设计的方法如下：

① 引用一个景物作为尺度标准，来确定群组景物的相互关系，使得尺度合乎常规。

② 或以人体各部分静态尺寸、动态尺寸为依据，确定空间内各景物的具体尺度。

③ 另外还需考虑环境因素的相对尺度，一个广场雕塑摆在室内显得太过拥挤，一座假山放在湖边浑然天成，而移到小庭院里则必然尺度过大。

（3）节奏与韵律。

在景观设计中，节奏是指让景物反复地连续出现而产生美感。而韵律则是有规律地抑扬起伏，从而产生带有感情色彩的律动。如柱廊、山石、植物群落、行道树木等都具有韵律节奏感。常见的韵律方式有时和景观功能相结合。例如在庭院设计中，利用水体发挥导向作用，把水体设计成时缓时急、时宽时窄，从而将人们引导到庭院的中心地带。用节奏和韵律创造意境，通过景观形象所传达的富有感情色彩的律动，使观者触景生情，若能做到真正打动观者的内心，其艺术境界是很高的。

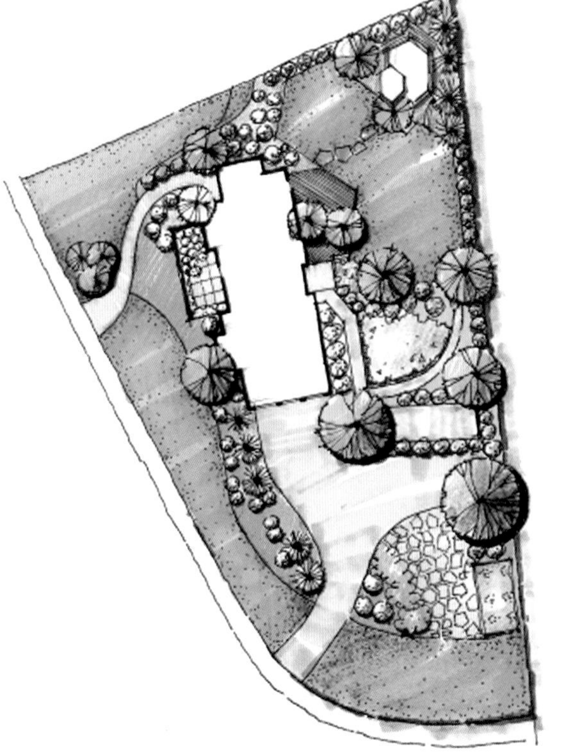

图 2–56 庭院景观设计平面图

以庭院景观设计为例，设计形式规律的应用：（图 2–56）

（1）主景：遮荫设施构成后院的主节点，喷泉成为次要节点。

（2）韵律：在户外平台和花园之间重复使用多边形图案的铺装以创造出一种规律性。

（3）尺度：强调家居尺度，尺度设计以 2 ~ 4 人的私密空间为准。

（4）统一性和协调性：种植绿带软化了前院的方形感，作为与弯曲形体之间的过渡。

（5）空间特点：s 形阶梯道路联系着开始和到达两个空间，后院既有开敞空间，又兼具私密空间的性质。

本章小结：

本章重点介绍了景观概念设计的定义和意义，分析了设计思维方法与表达方式，以具体设计图纸为例全方面展示了景观设计中总平面图、功能分析、道路分析图的表现方法，并分析了剖立面、竖向图、景观节点、大样图的设计与表达，在透视及鸟瞰图的表达中，将常见的错误表达与正确表达方式相对比，清晰直观的内容更易于学生理解和掌握。最后探讨了景观设计中多种方法的综合分析与设计，介绍了“博弈”设计的定义，它是现代景观设计，特别是大型规划设计中常用的方法，它体现于设计过程中对景观背后的文化、旅游、经济的综合分析与决策，这种设计方法有利于我们有目的地实现景观规划的预期成效。

思考与练习：

1. 以简易的平面图、小速写或者漫画的形式表达“交流”这一主题的景观设计初步概念
2. 景观设计功能分析图
3. 景观设计效果图表现

第三章　景观单体设计

第三章课件

本章知识点：

◎ 不同风格的古、现代景观建筑单体设计。
◎ 景观雕塑的设计。
◎ 各种植物的单体设计。
◎ 景观道路、水体、公共设施的设计。

学习目标：

学习是个循序渐进的过程，本章从各种建筑、雕塑、植物、道路等单体入手，使学生了解与掌握各种单体的设计。针对不同的题材对象，较为全面地表达对象，为后面的整体景观设计做好铺垫。

第一节　景观建筑单体设计

一、中国古典景观建筑单体

1. 建筑单体基础

（1）建筑平行透视作画步骤：

这种透视表现范围广、纵深感强，适合表现庄重、稳定的景观空间，缺点是比较呆板。建筑平行透视作画步骤分析（图 3-1）

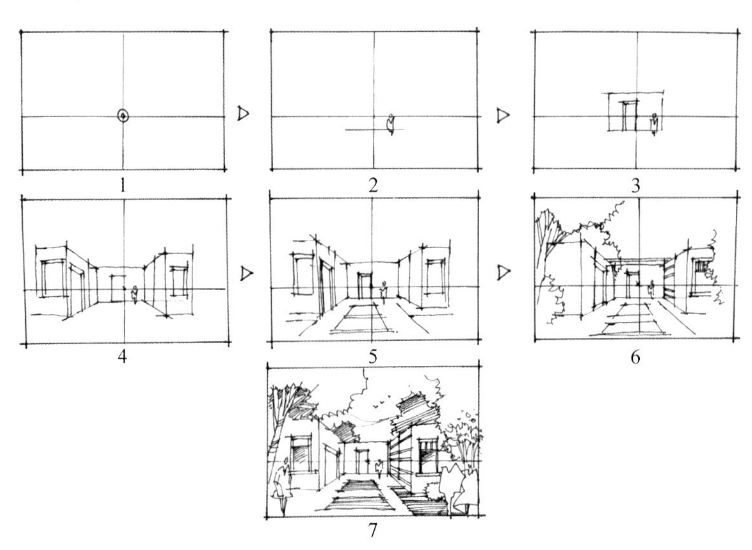

图 3-1　平行透视步骤分析图

① 先确定视点与视平线。

② 确定人的比例。

③ 根据人的比例，画出建筑的比例。

④ 进一步画出周围建筑的体量。

⑤ 画出整体周围环境框架。

⑥ 细化建筑与周围环境。

⑦ 深化主体，拉开前后。

（2）建筑成角透视作画步骤：

这种透视所表现的画面立体感强，效果自由活泼，在绘制单体建筑、景观环境中用得最多，具有较强的表现力，是一种非常实用的方法。（图 3-2）

图 3-2 徽派建筑

建筑成角透视作画步骤分析（图 3-3、3-4、3-5）

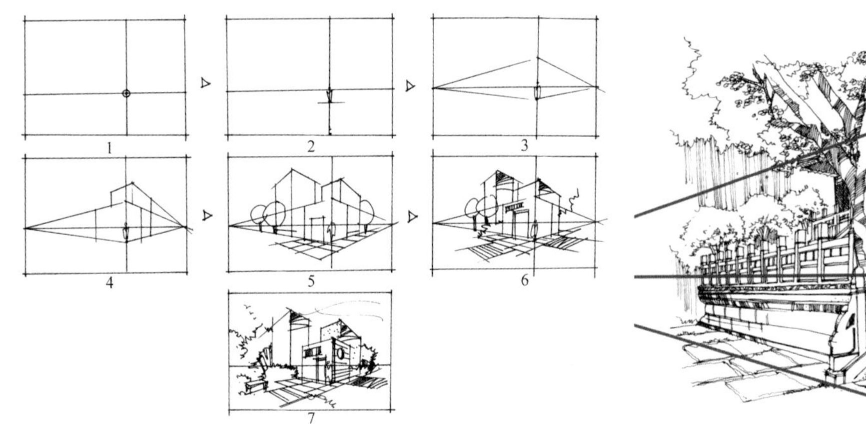

图 3-3 成角透视步骤分析图

图 3-4 成角透视建筑线稿

图 3-5 中国古典建筑——亭台楼阁

① 确定视平线与视点。
② 确定人的比例。
③ 确定建筑的高度比例，画出左右消失点。
④ 完善建筑的形体。
⑤ 添加景观树。
⑥ 细化画面内容。
⑦ 突出主体，整体调整。

（3）鸟瞰图：

这种表现图由于具有强烈的透视感，因此特别适合表现体量大或具有强烈透视感的城市景观空间。尤其在表现环境景观空间的鸟瞰图时，从天空看下去，空间中的建筑物在垂直方向上就会产生强烈的透视效果。在景观设计中常表现大场景、整体空间，作图时有一定难度。（图 3-6、3-7）

图 3-6 公园鸟瞰图

图 3–7 海滨城市整体鸟瞰

2. 中国古典建筑特点

中国古典建筑常与园林环境及自然景致充分结合，它可以最大限度地利用自然地形及环境的有利条件。常用落地长窗、空廊、敞轩的形式作为这种交融的纽带。这种半室内、半室外的空间过渡都是渐变的，是自然和谐的变化，是柔和的、交融的。

3. 中国古典建筑马克笔上色步骤（图 3-8、3-9、3-10、3-11）

（1）用针管笔画出轮廓，有条件的话可用复印机将其复印下来再上色，这样可防止线条跑墨而影响马克笔笔尖的色彩效果。

（2）用淡黄灰色和紫灰色概括地画出建筑物的墙体明暗，用淡蓝色画出水面，概括植物颜色，注意画面的前后、远近关系处理。

（3）用深色加重物体的暗部与阴影，但不要画得过深过死。

图 3–8 原景照片

图 3–9 亭台水榭线稿

图 3–10 第一遍上固有色

图 3–11 深入刻画

4. 国外现代景观建筑单体

国外现代建筑强调以形式自由、造型简洁、注重功能、经济合理，没有装饰或少量装饰的特点而成为时代的新风格，主张积极采用新材料、新结构，在建筑设计中发挥新材料、新结构的特性，主张坚决摆脱过时的建筑样式的束缚，放手创造新的建筑风格，主张发展新的建筑美学，创造建筑新风格。（图 3-12、3-13）

图 3-12 哥伦比亚现代建筑单体

图 3-13 现代建筑单体

现代建筑彩铅上色步骤：（图 3-14、3-15、3-16、3-17、3-18、3-19）

图 3-14 原图照片

图 3-15 现代建筑线稿

（1）用针管笔勾出轮廓，用线条的疏密、轻重来表现建筑的质感。

图 3-16 第一遍浅铺固有色

（2）用轻柔的笔触给建筑概括上色，把握建筑的固有色和明暗。

图 3-17 加深明暗对比

（3）第二遍上色。

图 3-18 刻画细节

（4）第三遍上色。继续刻画，注意整个画面主体色彩的把握。

图 3-19 完成稿

（5）用彩铅对画面的局部进行深入刻画，包括建筑主体表面各种材料的色彩与质感，以及周围的各种配景，达到统一。

第二节 景观雕塑单体设计

一、主题景观雕塑单体

主题性雕塑顾名思义，它是某个特定地点、环境、建筑的主题说明，它必须与这些环境有机地结合起来，并点明主题，甚至升华主题，使观众明显地感到这一环境的特性。它可具有纪念、教育、美化、说明等意义。主题性雕塑揭示了城市建筑和建筑环境的主题。（图 3-20、3-21、3-22、3-23、3-24、3-25、3-26）

主要反映历史和时代的潮流、人民的理想和愿望。它们往往以形象的语言，用象征和寓意的手法揭示出某个特定环境和建筑物的主题。

它们也有很丰富的思想内涵，比较大的体量，也需要在所处的环境空间中占据显要的甚至主导的位置，发挥统率和聚焦的作用。

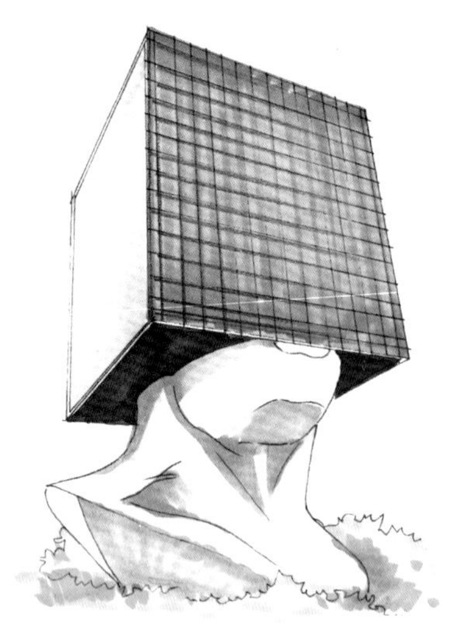

图 3–20 科技性主题雕塑

图 3–21 生活在我心中主题雕塑

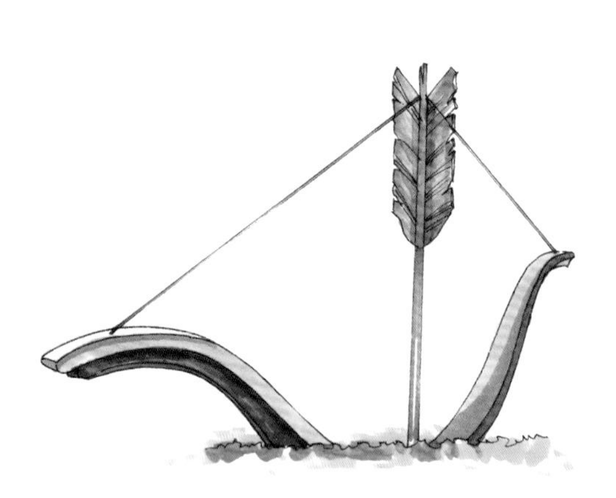

图 3–22 运动广场上的射剑雕塑

图 3–23 运动广场上的羽毛球雕塑

图 3–24 公园水景雕塑

图 3-25 滨水广场立柱群

图 3-26 城市广场石柱阵

城市雕塑一般建立在城市的公共场所，如道路、桥梁、广场、车站、码头、戏院、公园、绿地、政府机关等处，它既可以单独存在，又可以与建筑物结合在一起。我们在快速表现时，应抓住雕塑的主题思想，抽象概括地刻画出来。

二、纪念景观雕塑单体

纪念性雕塑景观是城市雕塑景观的骨干和代表，是各国度、各时代不可或缺的，是历史的化身和体现。他们表彰和讴歌着那些在历史上对国家和民族做出重大贡献和业绩的人物，铭刻和纪念那些在历史上有重大影响的事件。

他们往往占据着重要的位置，比如城市中最主要的广场或是预备纪念的对象有关的地方，而且还有进行纪念性公众活动的足够空间。（图 3-27、3-28、3-29、3-30、3-31、3-32）

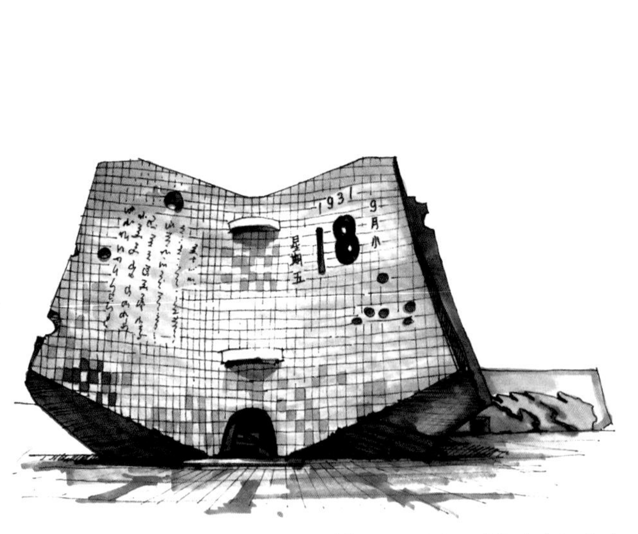

图 3-27 “九一八”事变纪念碑

图 3-28 小浪底工程纪念雕塑

图 3-29 大屠杀纪念广场

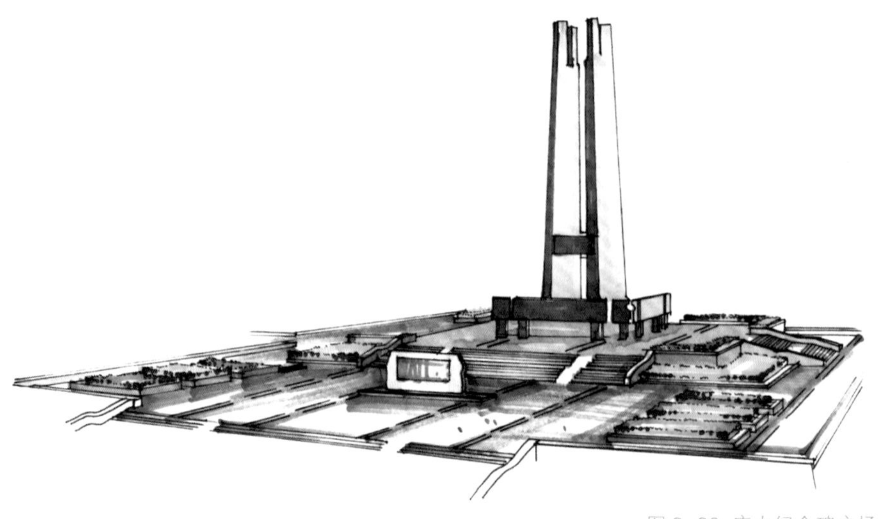

图 3-30 唐山纪念碑广场

图 3-31

图 3-32 人民英雄纪念碑

第三节 景观植物单体设计

一、乔木单体

快速表现中植物应该是概括、简洁、准确地表现出来，我们归纳出几种常用树形，有规则与不规则的。

1. 树的形态演变（图 3-33、3-34、3-35、3-36、3-37、3-38）

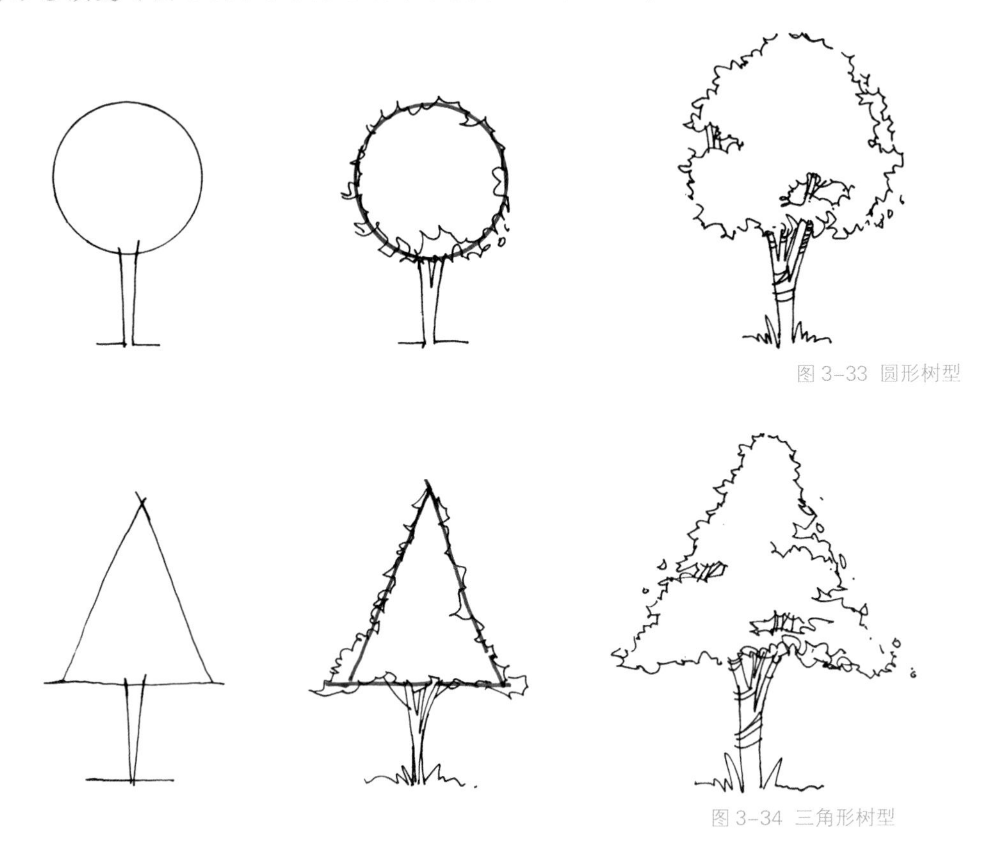

图 3-33 圆形树型

图 3-34 三角形树型

图 3-35 梯形树型

图 3-36 葫芦形树型

图 3-37 品字形树型

图 3-38 不规则树型

2. 树冠线形表现（图 3-39、3-40、3-41、3-42、3-43）

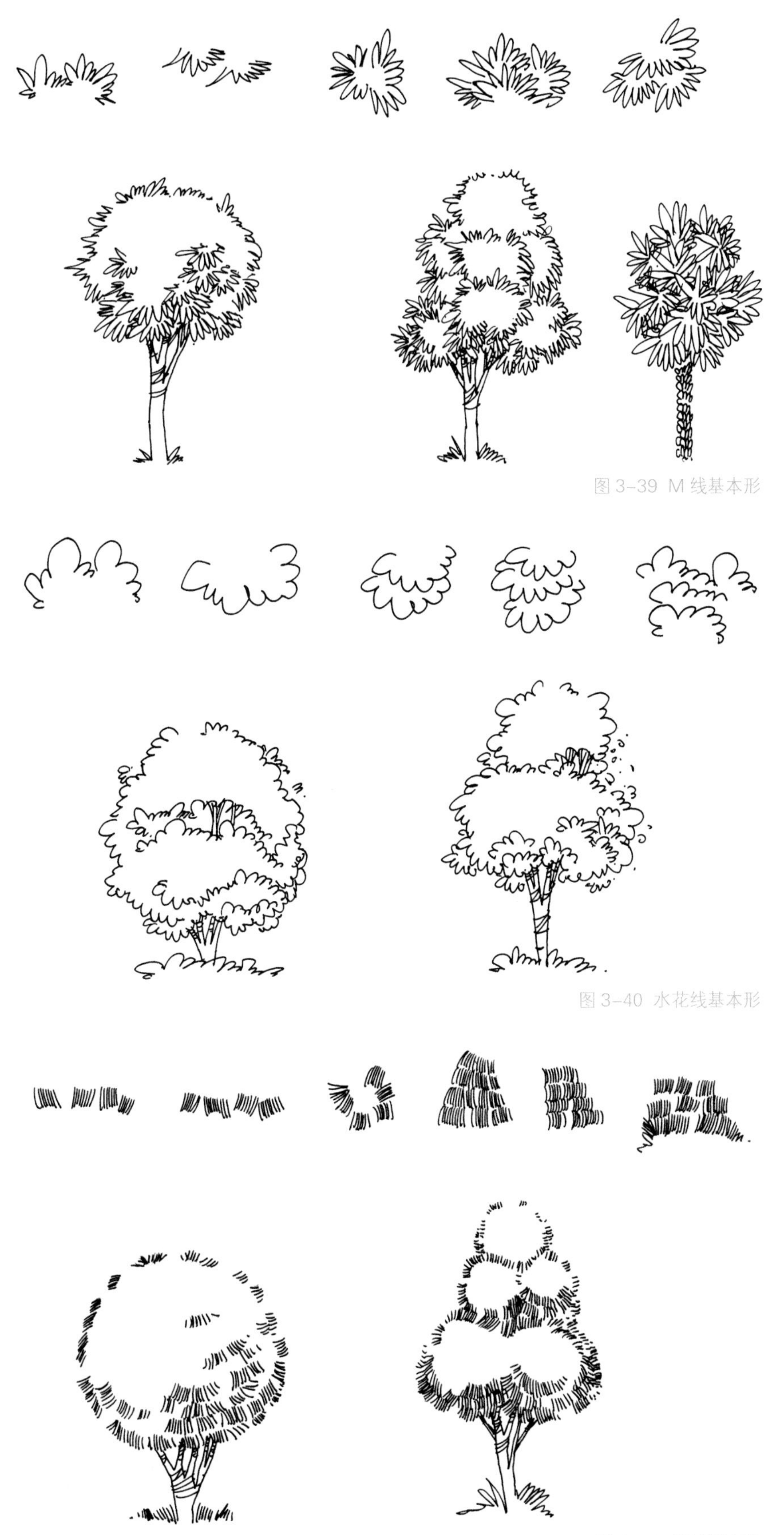

图 3–39 M 线基本形

图 3–40 水花线基本形

图 3–41 短线基本形

图 3-42 爆破线基本形

图 3-43 齿轮线基本形

3. 乔木的平面表现方式（图 3-44、3-45）

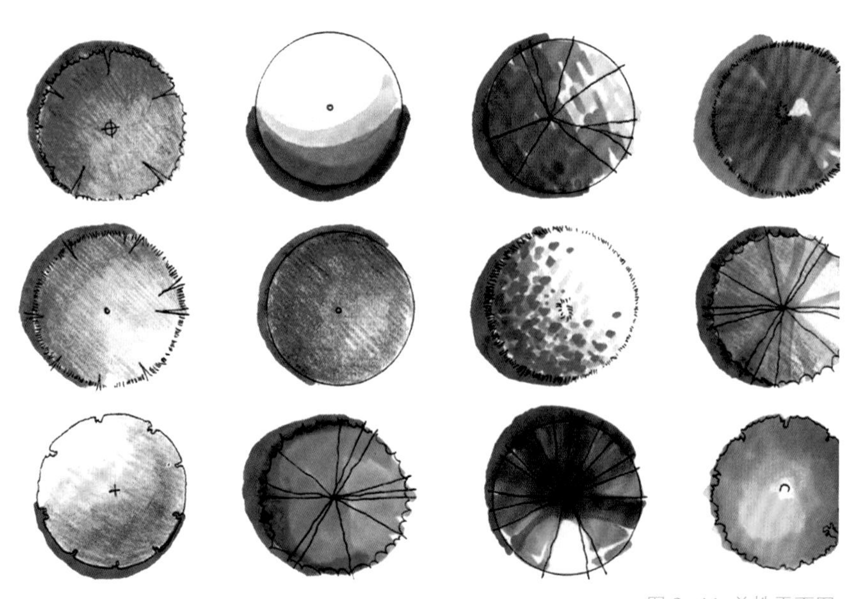

图 3-44 单株平面图

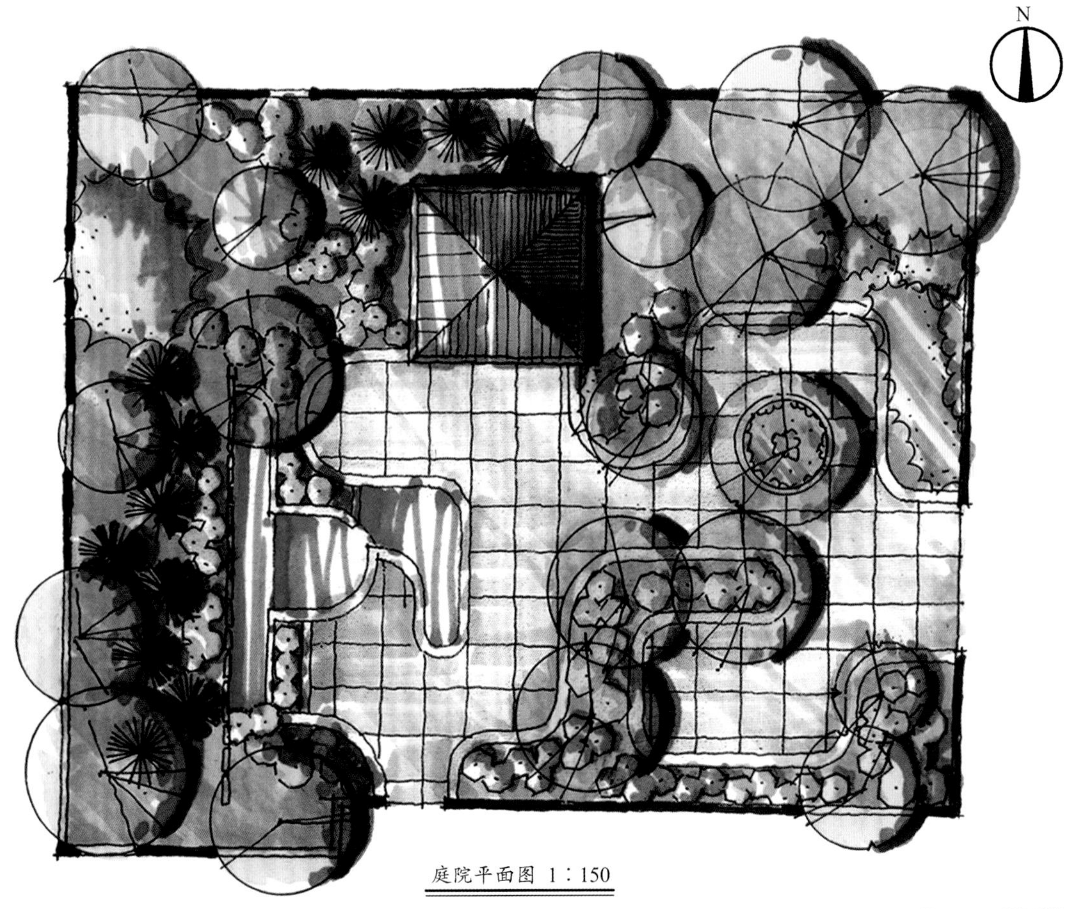

图 3-45 平面图

4. 单株乔木上色步骤（图 3-46、3-47、3-48、3-49）

图 3-46 丛生乔木的表现方式

图 3-47 马克笔加线稿明暗的表现图

图 3-48 远景乔木的表现图

图 3-49 中景乔木的表现图

5. 整体效果图（图 3-50、3-51、3-52）

图 3-50 小区中庭效果图

图 3-51 小型广场效果图

图 3-52 公园效果图

二、灌木单体（图 3-53、3-54、3-55、3-56、3-57、3-58）

灌木在快速表现效果图中主要起填充和点缀作用，用它们来适当遮挡主体局部，为画面增添丰富的层次感。

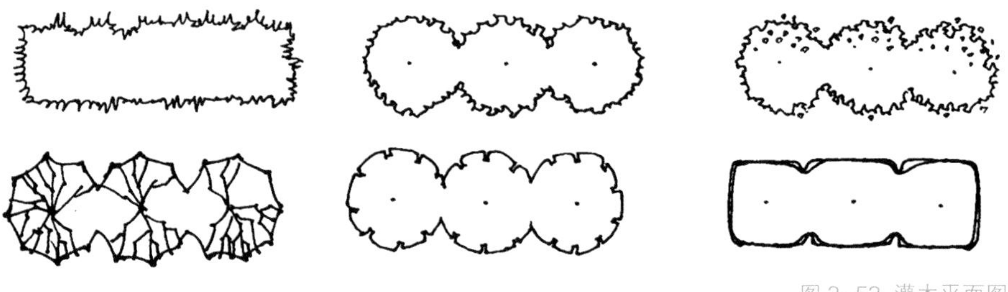

图 3-53 灌木平面图

图 3-54 灌木上色平面图

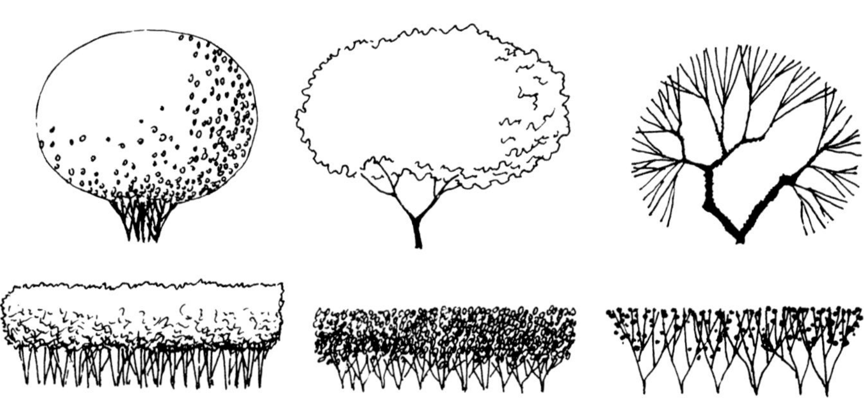

图 3-55 灌木立面图

图 3-56 灌木上色立面图

图 3-57 带状转角灌木表现图

图 3-58 灌木、花镜组团的表现图

三、地被单体（图 3-59、3-60、3-61、3-62）

地被一般面积大，在景观设计中可用色块对比来表现，亮面用鲜亮的暖色，暗部则加入冷色投影，也可用针管笔勾出细节。

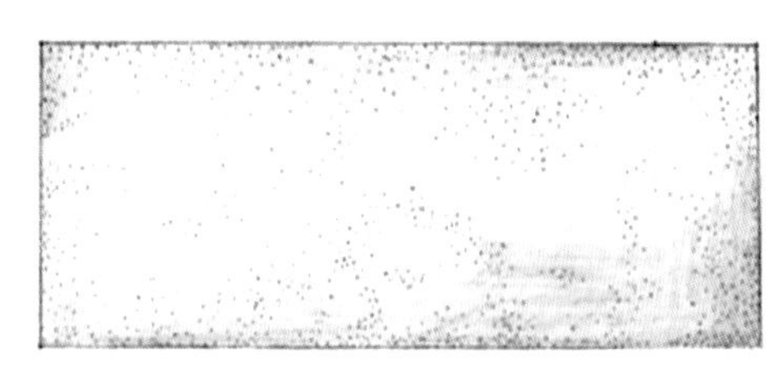

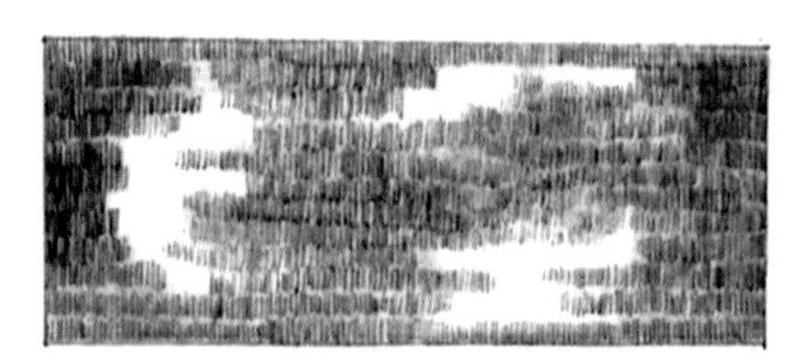

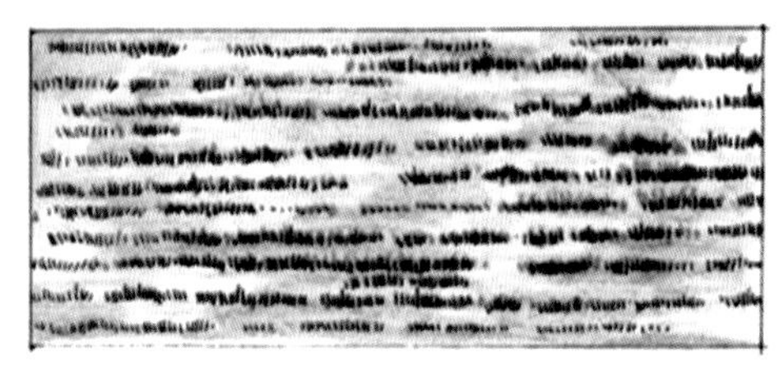

图 3-59 地被植物平面图

图 3-60 节点效果图

地被植物经过修剪后，可呈现出一派绿草如茵的景象，山野地带也可呈现出杂草丛生，并夹杂有各种灌木、石块等。

图 3-61 绿地园景一角

图 3-62 庭院一角

第四节 景观道路单体设计

在景观设计中，道路的表现无处不在。地面的材质有很多，比如：主干道用水泥与沥青铺路；次干道用混凝土、天然石与水磨石地面等；而步园道则常用石块、木条、卵石与植物组合成起伏变化的林荫小道。

一、主干道景观道路

城市主干道是一个城市中贯穿城市较长或最长，作为一个城市的标志性道路或主商业区、明显特色的道路，代表着一个城市的形象。城市主干道一般较宽，并铺筑较高级路面，沿线有重要的公共建筑，也有公共交通设施等。

水泥和沥青的地面在表现时可先从远至近、从暖与浅至冷与深来上色，道路两旁基本上没有建筑的倒影，只有建筑、植物以及各种设施的阴影。（图 3-63、3-64、3-65、3-66、3-67）

图 3-63 某机场快速干道

图 3-64 城市高架快速主干道

图 3-65 通向远方的沥青道路

图 3-66 城市主干道

图 3-67 商业区干道

二、次干道景观道路

次干道是联系城市主干道的辅助交通路线，也可联系城市各个街区之间的道路，其路宽与断面变化较多，可不划分车道。

人行道的混凝土预制板地面，除近处适当分出板块外，远处则不宜分得过细。可用马克笔大面积渲染，由深至浅，由冷至暖，近处挑出几块加重颜色与变化即可。（图 3-68、3-69、3-70、3-71、3-72）

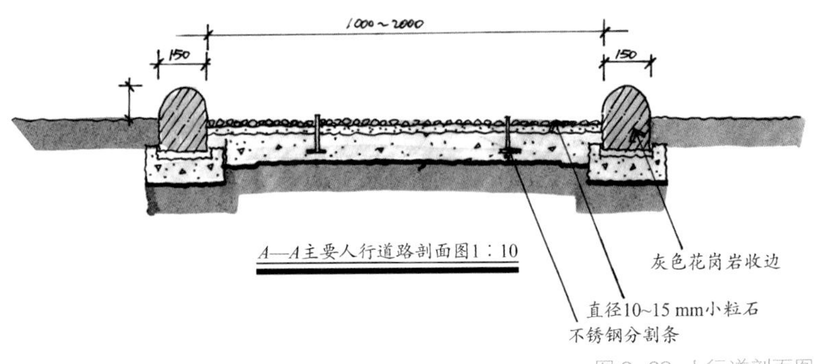

图 3-68 人行道剖面图

图 3-69 人行步道

图 3-70 商业区人行道

图 3-71 城市道路一角

图 3-72 某开发区人行道景观

三、步园道景观道路

步园道路，主要起集散、组织交通、分隔联系空间的作用，风景区、公园、植物园的道路还可起到导游和联系景点的作用。一般来讲，步园道以曲线为主，自然流畅，两旁的植物配植及小品也宜自然多变，不拘一格。道路采用自然的设计，植物也宜采用自然式配置，突出自然情趣，宜小巧清秀。（图 3-73、3-74、3-75、3-76、3-77）

图 3-73 林荫小道

图 3-74 湖边木栈小道

图 3-75 石板步园路

图 3-76 蜿蜒曲折的步园小路

图 3-77 公园道路交汇口

第五节 景观水体单体设计

在环艺设计快速表现配景中，水体的情况很多，因此掌握水体的画法也是十分重要的。水体通常包括湖、河塘、叠水、喷泉等。

一、动态人工喷泉景观

动态的水体抓住动势，表现它的流动和水浪，画出灵动秀逸。通常我们用针管笔勾出水的流势，流畅而不琐碎，再用淡蓝色马克笔轻松点出，适当留白。（图 3-78、3-79、3-80、3-81、3-82、3-83、3-84、3-85、3-86）

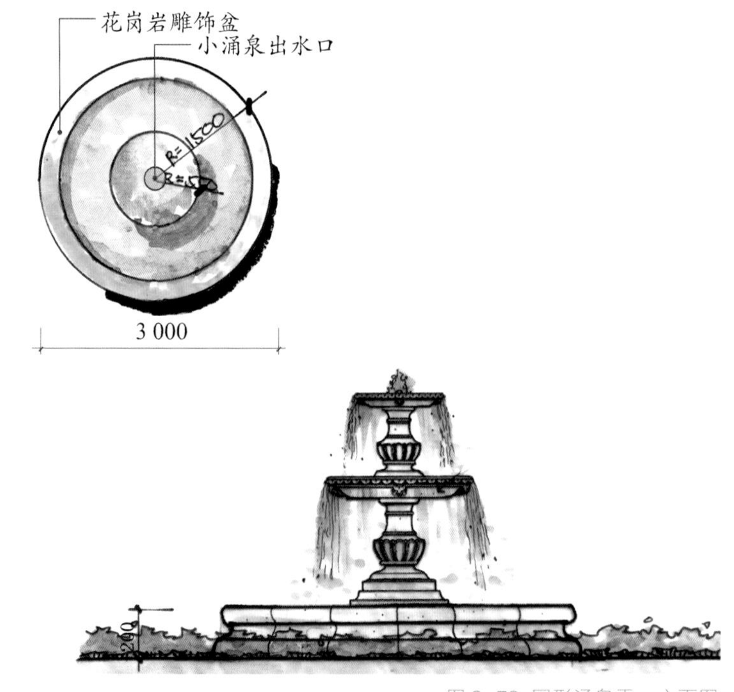

图 3-78 圆形涌泉平、立面图

图 3-79 中心圆形喷泉

图 3-80 小区涌泉线稿

图 3-81 小区涌泉一角

图 3-82 跌水小景

图 3-83 公园落水

图 3-84 小区涌泉水池

图 3-85 商业区的景观喷泉

图 3-86 广场水池景观带

二、静态自然水体景观

水平如镜的静态水，笔触随势而走，可用长的水平线或小波浪线表示，也可用留白，借助水岸、树影、天光的倒影，强化水的感觉。（图 3-87、3-88、3-89、3-90、3-91）

图 3-87 自在水间

图 3-88 露天水池

图 3-89 湖边小景

图 3-90 生态滨水景观

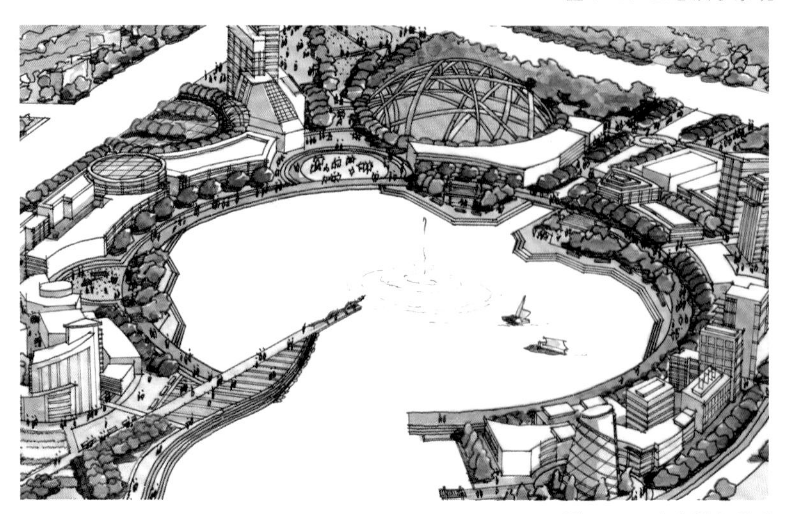

图 3-91 生态城市景观

第六节 景观公共设施单体设计

景观公共设施是景观设计中最普通、最多样化的一种形态，它不仅具有一定的使用功能，也具有装饰功能。变化多样的造型特征是景观设计中的重要造型要素。它的特点为造型简洁实用，以硬质材料为常见，在表现时要做到物体结构严谨，边缘及结构线清晰，用笔肯定，明暗关系合理。（图 3-92、3-93、3-94、3-95、3-96、3-97、3-98）

一、休闲椅景观

图 3-92 欧式铁制休息座椅

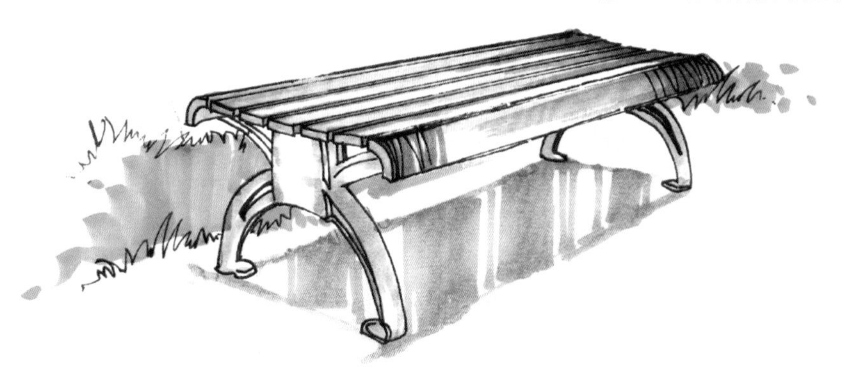

图 3-93 长条休息座凳

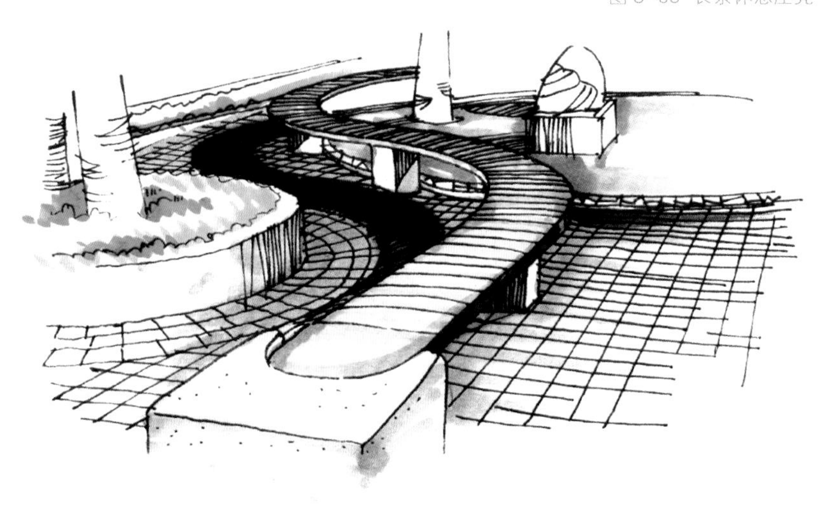

图 3-94 S 形座凳

图 3–95 树池座凳

图 3–96 路边小憩

图 3–97 湖边休息座凳

图 3-98 湖边的休闲时光

二、路灯景观

绿地路灯主要用于庭院、绿地、花园、湖岸、宅门的照明设施。功能上要求舒适宜人，白天看去是景观中的点缀，夜幕里又给人以柔和之光，宁静、安逸、柔和。造型和颜色注意同环境相互辉映。（图 3-99、3-100、3-101、3-102）

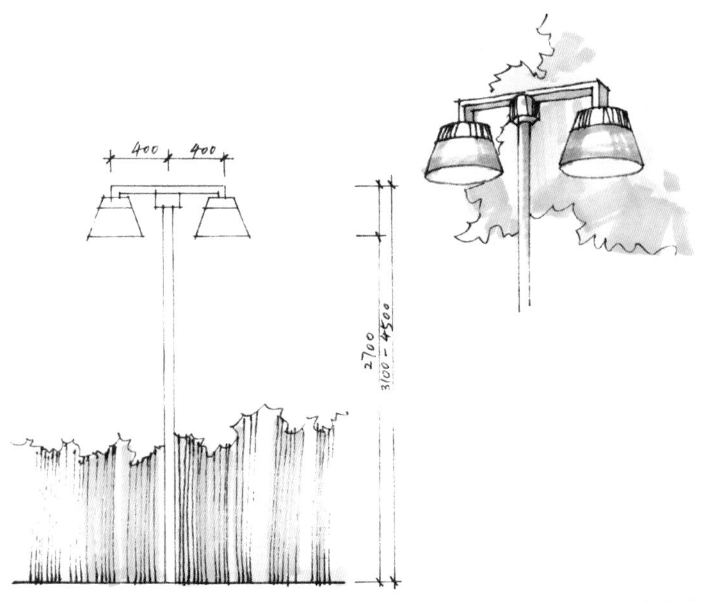

图 3-99 长杆路灯

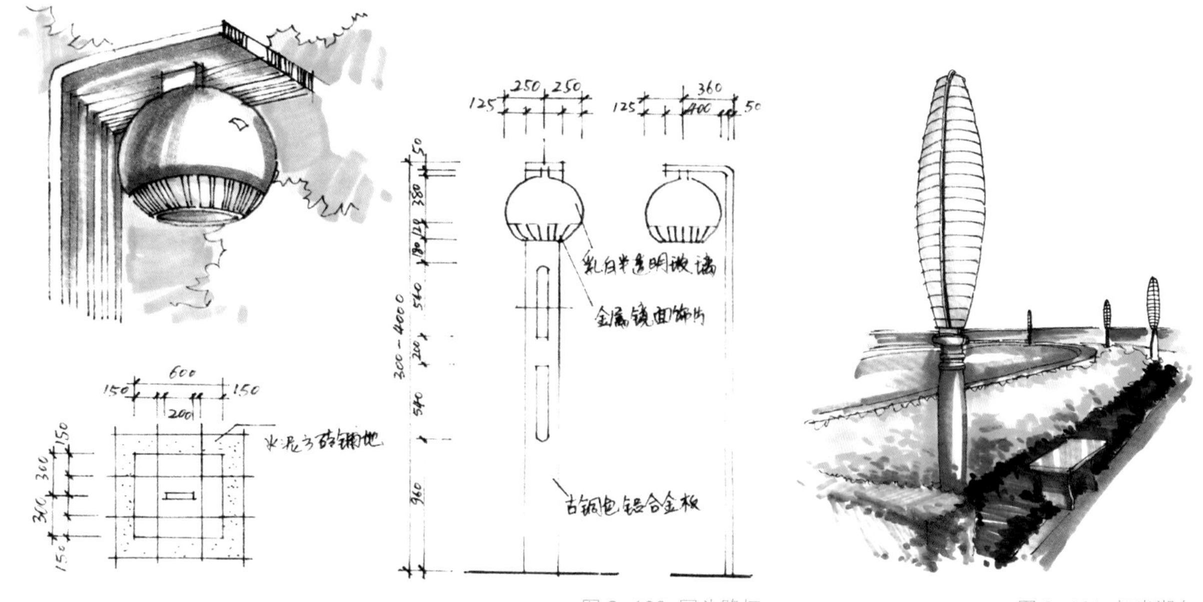

图 3-100 圆头路灯

图 3-101 灯光湖色

图 3-102 小区路口一角

三、垃圾桶景观

垃圾桶在景观设施中属于卫生设施，虽体量较小，但在景观中必不可少。垃圾桶的造型应与当地环境，人文气息相呼应。它的高度为 60 ~ 90 cm，设置距离一般为 30 ~ 50 m，以圆形和方形见常。我们在快速表现时注意材质与体积的刻画。（图 3-103、3-104、3-105、3-106）

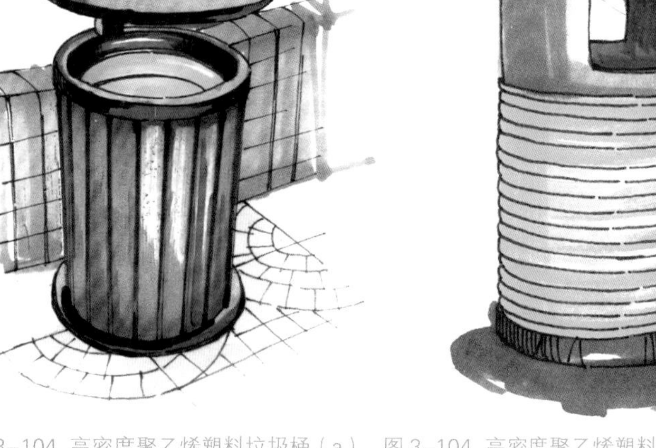

图 3-103 木质圆形垃圾桶　图 3-104 高密度聚乙烯塑料垃圾桶（a）　图 3-104 高密度聚乙烯塑料垃圾桶（b）

图 3-105 仿古木质垃圾箱

图 3-106 分类式垃圾箱

本章小结：

本章主要列举了不同环境景观单体的画法，这就要求初学者在掌握上述常见单体配景的画法基础之上，能更加深入地了解生活，平时多观察、多练习，以使所绘出的设计快速表现出画面的艺术魅力与效果。

思考与练习：

1. 设计某大学校园内，以科技发展为主题的雕塑效果图。
2. 设计居住区中心广场上的音乐喷泉组合，形式自定。
3. 设计滨水景观边的亲水平台一角，角度自定。

第四章课件

第四章　景观整体方案设计

本章知识点：

◎ 道路景观设计。
◎ 广场景观设计。
◎ 社区景观设计。
◎ 校园景观设计。
◎ 旅游目的地景观设计。
◎ 特殊地理环境景观设计。

学习目标：

本章是在第四章的基础上完成整体快题方案设计概念。从城市绿道景观设计到城市广场景观的概念设计，了解广场景观设计的构成元素。进一步熟悉社区景观的特征，从别墅到高层。熟悉校园景观设计的文化元素，从南方校园到北方校园的特征。了解旅游目的地景观和特殊地理环境景观的结构特征，使学生对景观设计有个整体的认识。

第一节　道路景观设计

道路是城市交通的“血脉”和“骨架”，而道路景观设计是城市道路景观绿化在现代化城市中起着重大作用，城市人口的密集、机动车辆的增加，自然环境的污染，使自然失去原有的平衡，平衡被破坏对人类生存和发展起着负面影响，在城市中交通拥挤的路段，如立交桥、交叉路口等这些环境污染较严重的地区，大量的进行景观绿化种植设计，达到绿化、美化的效果。

纽约高线公园（High Line Park）是一个位于纽约曼哈顿中城西侧的线型空中花园。原来是1930年修建的一条连接肉类加工区和三十四街的哈德逊港口的铁路货运专用线，总长约2.4千米，距离地面约9.1米高，跨越22个街区，于1980年停运，被遗弃了30多年后曾一度面临拆迁危险。但是却建成了独具特色的空中花园绿道，为纽约曼哈顿西区赢得了巨大的社会经济效益，成为国际设计和旧城重建的典范。[图4-1（a）、图4-1（b）]

图4-1 高线公园平面图（a）

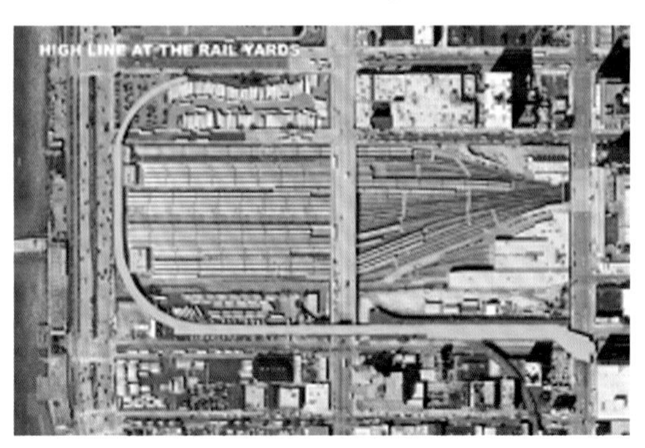

图4-1 高线公园平面图（b）

纽约高线公园具有游憩、生态、文化等功能：

1. 游憩的设计——多变的城市景观

高线公园与以不间断的形态横向切入多变的城市景观中。高出地面9米的空中步道带来了独特的城市体验，人们在深入城市的同时也在远离城市。人们可以在高线上欣赏对岸新泽西州的轮廓线、哈德逊河的日落、纽约的码头等美景，也可以在木躺椅区尽情享受日光浴。[图4-2、图4-3（a）、图4-3（b）、图4-3（c）、图4-3（d）、图4-3（e）]

图4-2 高线公园鸟瞰图

图4-3 高线公园局部透视图（a）

图4-3 高线公园局部透视图（b）

图4-3 高线公园局部透视图（c）

图4-3 高线公园局部透视图（d）

图4-3 高线公园局部透视图（e）

2. 文化保留的设计——对城市历史的尊重

高线公园保留了高线铁路遗址，其设计对结构特性的保存和重新阐释。公园不仅保留和重新阐释了部分铁轨，还保留了部分厂房的残垣断壁。这些场景，记载、诉说和传递着场地的历史。[图 4-3（f）、图 4-3（g）]

图 4-3 高线公园局部透视图（f）

图 4-3 高线公园局部透视图（g）

3. 整体设计——“植 - 筑”策略

高线公园整体设计的核心策略是“植 - 筑”（Agri-Tecture），在步行道中将有机栽培与建筑材料按不断变化的比例关系结合起来，时而展现自然的荒野与无序，时而展现人工种植的精心与巧妙。这样既提供了私密的个人空间，又提供了人际交往的基本场所。[图 4-3（h）、图 4-3（i）、图 4-3（j）、图 4-3（k）]

图 4-3 高线公园局部透视图（h）

图 4-3 高线公园局部透视图（i）

图 4-3 高线公园局部透视图（j）

图 4-3 高线公园局部透视图（k）

4. 生态——突出野趣之美

尊重场地，把野生植被视为大自然勃勃生机的体现，与锈蚀的铁轨、废弃的厂房和仓库相映成趣，形成岁月留痕的历史美感。[图 4-3（l）、图 4-3（m）]

图 4-3 高线公园局部透视图（l）

图 4-3 高线公园局部透视图（m）

5. 植被设计——乡土物种

植被的选择和设置上，公园在植被的选择上注重植物的多样性与复杂性，在废弃年间生长的一些植物，依据植物的不同颜色和特性，挑选出多种本地植物，保留了废弃铁轨中自然生长的野花杂草。[图 4-3（n）、图 4-3（o）、图 4-4（a）、图 4-4（b）]

图 4-3 高线公园局部透视图（n）

图 4-3 高线公园局部透视图（o）

图 4-4 高线公园局部截面图（a）

图 4-4 高线公园局部截面图（b）

第二节 广场景观设计

广场一般是指集中反映城市、乡镇历史文化和艺术面貌的主要城市外部公共空间，也是构成城市、乡镇公共空间特色的重要组成部分。城市规划对广场要求，包括广场用地范围的红线、广场周围建筑高度和密度的控制等；城市的人为环境，包括交通、供水、供电等各种条件和情况；使用者对广场设计要求，特别是对广场所应具备的各项使用要求，对经济估算依据和所能提供的资金、材料、施工技术和装备等。

1. 城市广场景观

城市广场景观主要体现城市文化、城市建设、城市绿化等景观特征。

以美的总部大楼景观设计——大地景观“桑基鱼塘”为例：

美的总部大楼位于顺德北滘新城区的住宅区与工业区的包围之中，总部大楼共31层，高128米，是目前顺德最高的地标建筑。美的总部大楼景观设计通过现代景观语言回应中国岭南大地景观“桑基鱼塘”，在城市化的当下回归乡土景观意境。由桑基鱼塘肌理带来的记忆与联想。[图4-5、图4-6、图4-7（a）、图4-7（b）、图4-7（c）、图4-7（d）、图4-7（e）、图4-7（f）、图4-8]

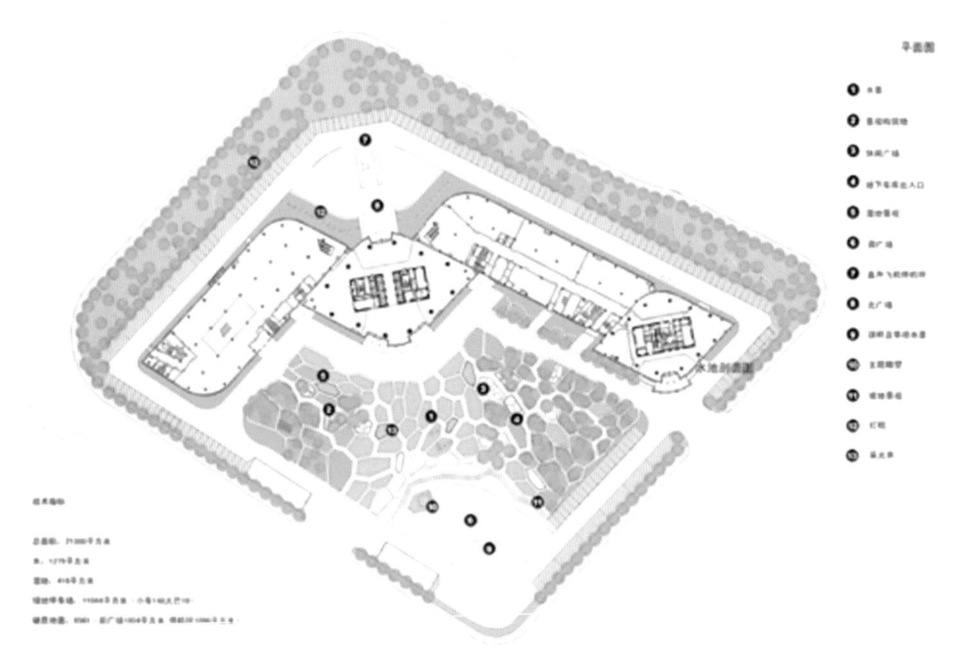

图4-5 美的总部大楼景观设计——平面图（广州土人景观）

图4-6 美的总部大楼景观设计——俯视图（广州土人景观）

图 4-7 美的总部大楼景观设计——透视图（a）（广州土人景观）

图4-7 美的总部大楼景观设计——透视图（b）（广州土人景观）

图4-7 美的总部大楼景观设计——透视图（c）（广州土人景观）

图4-7 美的总部大楼景观设计——透视图（d）（广州土人景观）

图4-7 美的总部大楼景观设计——透视图（e）（广州土人景观）

图4-7 美的总部大楼景观设计——透视图（f）（广州土人景观）

图4-8 美的总部大楼景观设计——节点透视图（广州土人景观）

2. 乡村广场景观

乡村广场景观主要体现乡村自然、乡土景观、乡村民俗文化特征。[图 4-9、图 4-10、图 4-11（a）、图 4-12（b）、图 4-13（a）、图 4-13（b）]

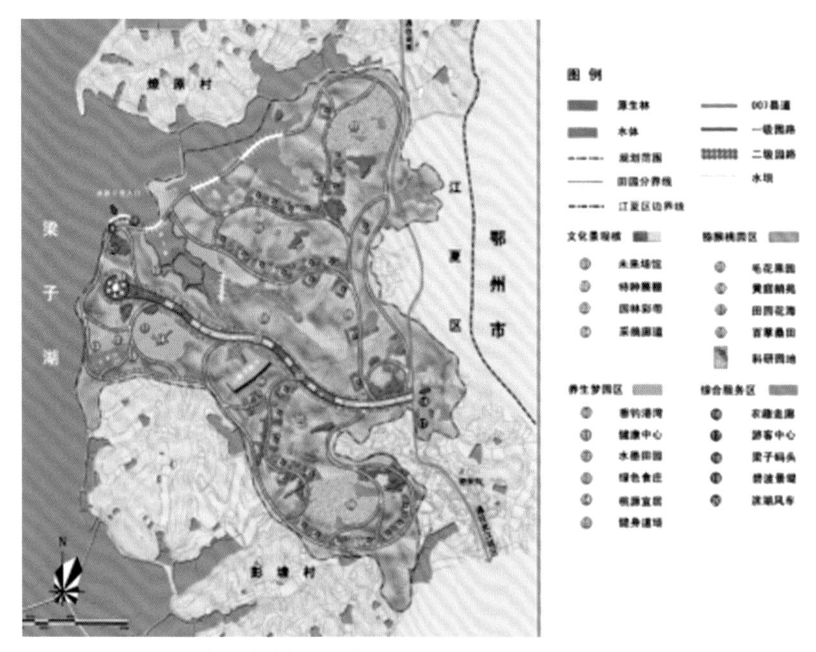

图 4-9 湖北未来家园总体规划——平面图（武汉大学景园规划设计研究院）

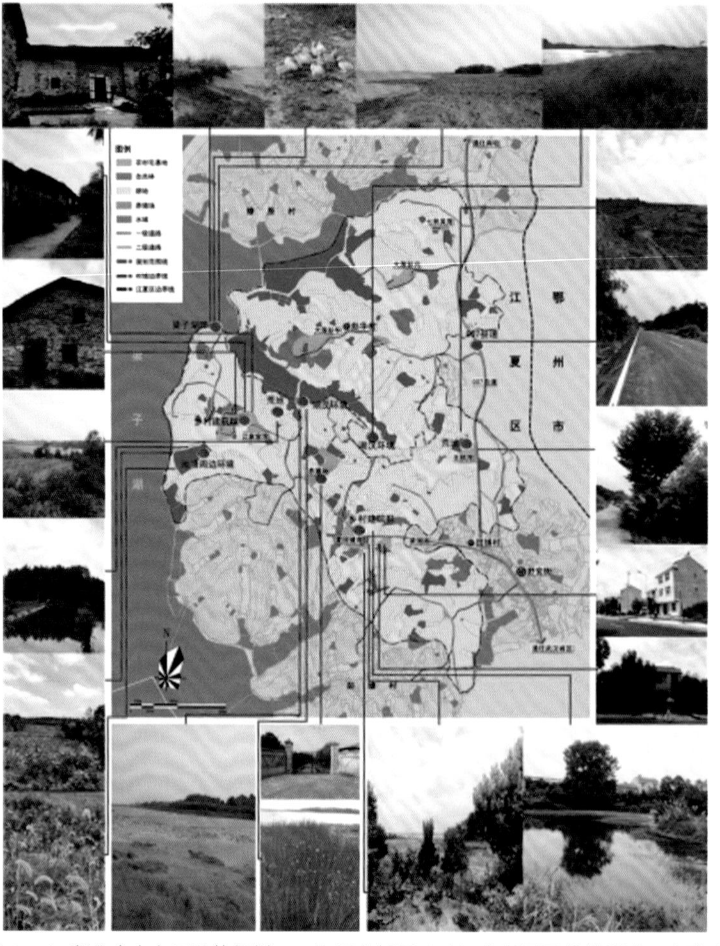

图 4-10 湖北未来家园总体规划——资源分析图（武汉大学景园规划设计研究院）

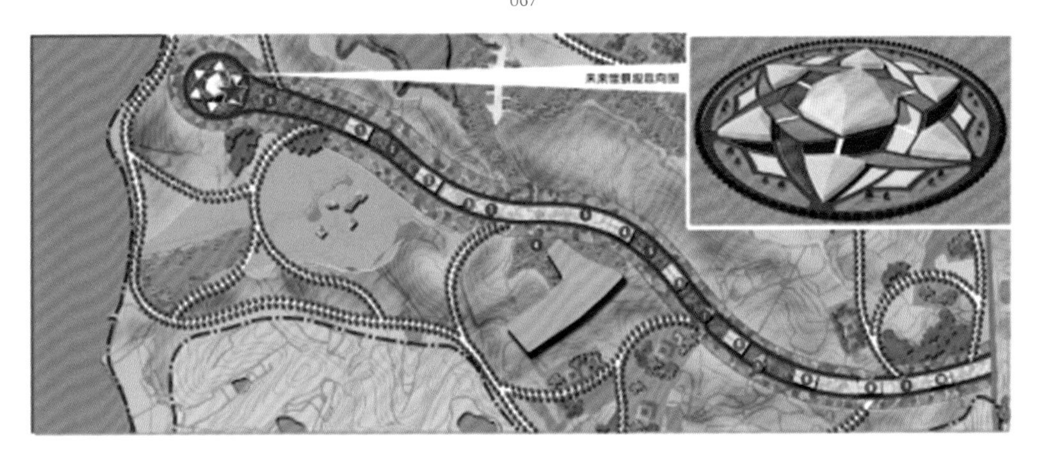

图 4–11 湖北未来家园总体规划——文化景观核平面图（武汉大学景园规划设计研究院）

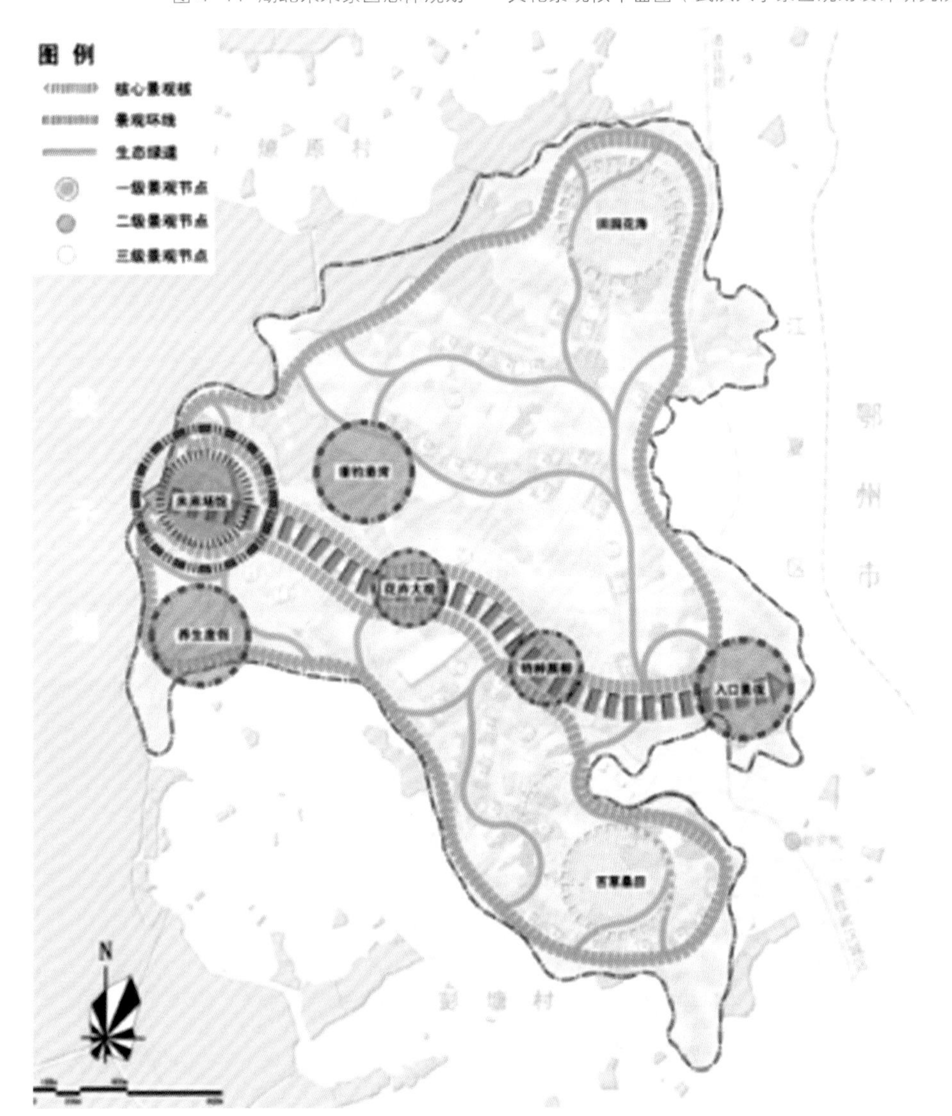

图 4–12 湖北未来家园总体规划——景观结构分析图（武汉大学景园规划设计研究院）

图 4-13 湖北未来家园总体规划——效果图（a）（武汉大学景园规划设计研究院）

图 4-13 湖北未来家园总体规划——效果图（b）（武汉大学景园规划设计研究院）

第三节 社区景观设计

社区景观环境设计指小区景观规划设计，小区景观是以居民的需求为出发点的，故，社区景观设计也应该满足居民生活需求为依据，主要是物质需求和精神需求。其中，物质需求包括小区景观的公共服务设施的完整性、绿化率及居住空间的合理性。而精神需求包括景观的艺术特征、绿地面积的观赏性特征、小区视觉语言的艺术性等。

当前“低碳”概念在社区里被推崇，尤其是可以改善小气候特征。

以“低碳住家——北京褐石公寓”为例：

项目位于北京的一个中高密度社区——北京褐石园，社区由 5 层多家庭公寓组成，容积率高达 1.2。这是一个运用家庭水生态基础设施的理念，充分利用收集的雨水，将高能耗的住宅建筑向绿色建筑转化的实验性性项目：

（1）改造阳台结构收集雨水——设计选择整个建筑的屋顶作为雨水收集面，在落水口设置集水檐，使雨水流入连接雨水储存箱的管道。管道口设置了过滤网，防止管道的阻塞，管道下方连接雨水过滤装置，进一步净化雨水。

（2）雨水的利用方式——阳台菜园和花园，在蔬菜园中制定了四季可以轮作的种植方案：

花园春季可以采收油菜，夏季可以品尝番茄，秋季可以收获葡萄，冬季可以乐享辣椒；在芳香园中，选用如栀子花、夜来香、茉莉、薄荷等。

（3）雨水的利用方式——生态墙，比传统的空调制冷加湿更加低碳环保，且具有装饰室内环境的作用。[图 4-14、图 4-15、图 4-16、图 4-17、图 4-18（a）、图 4-18（b）、图 4-19（a）、图 4-19（b）、图 4-19（c）、图 4-19（d）]

图 4-14 低碳住家——北京褐石公寓——现状分析图（俞孔坚）

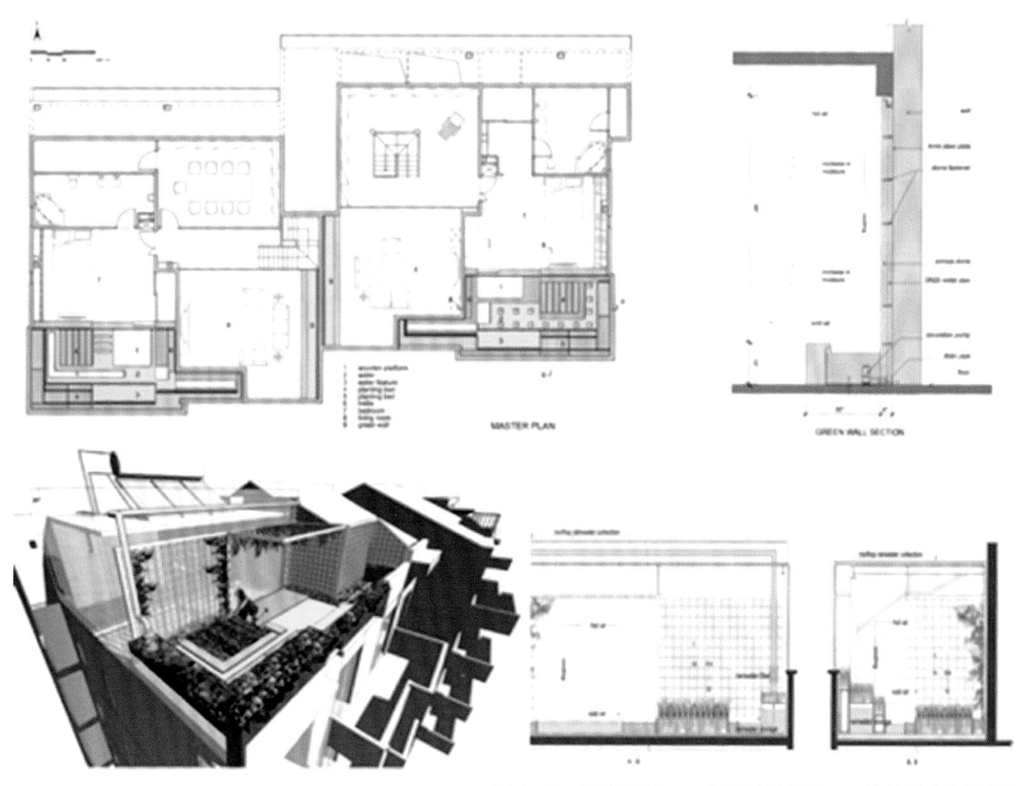

图 4-15 低碳住家——北京褐石公寓——设计图（俞孔坚）

图4-16 低碳住家——北京褐石公寓——阳台花园透视图（俞孔坚）

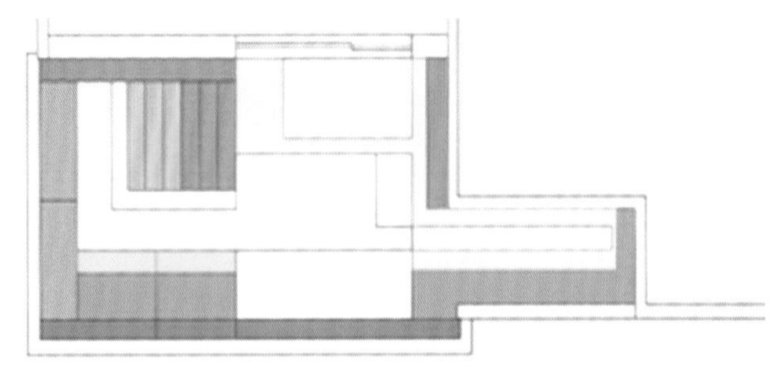

图4-17 低碳住家——北京褐石公寓——阳台菜园布局图（俞孔坚）

图4-18 低碳住家——北京褐石公寓——阳台菜园透视图（a）（俞孔坚）

图4-18 低碳住家——北京褐石公寓——阳台菜园透视图（b）（俞孔坚）

图4-19 低碳住家——北京褐石公寓——阳台花园透视图（a）（俞孔坚）

图4-19 低碳住家——北京褐石公寓——阳台花园透视图（b）（俞孔坚）

图4-19 低碳住家——北京褐石公寓——阳台花园透视图（c）（俞孔坚）

图4-19 低碳住家——北京褐石公寓——阳台花园透视图（d）（俞孔坚）

第四节 校园景观设计

校园景观设计主要反映校园文化及其地域文化特征。校园景观环境是从自然环境上升到人文景观环境。校园景观环境要满足以人为本原则，环境尺度的宜人性、人情化和舒适度。因为校园环境是学生除了教室以外活动较多的场所。

校园环境对特殊的地理环境也有要求，地形、地貌特征在校园环境设计中显得尤为重要了。

1. 校园环境景观背景——私塾和书院

私塾和书院充分运用多种方式进行景观空间的阐释。

私塾和书院是古代文人交流思想的重要场所，同时也是传播学术的重要场所，修身养性的重要场所，也是我国现代校园环境景观“雏形”。（图 4-20）

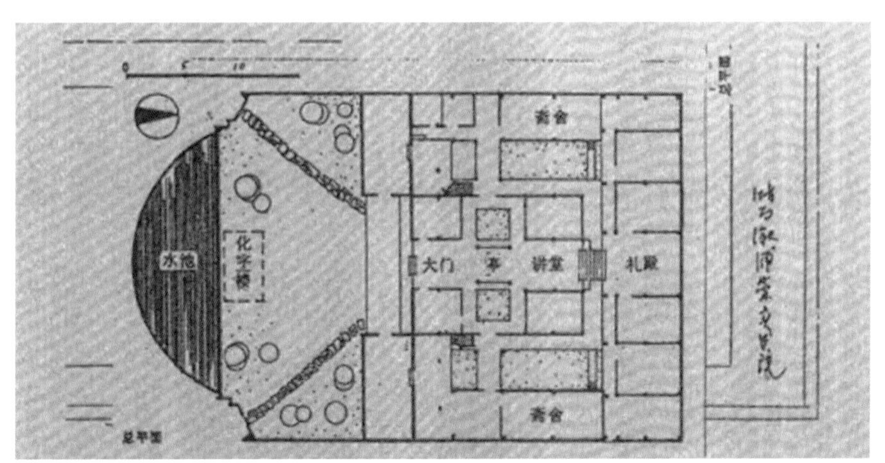

图 4-20 崇实书院（图载《湖南传统建筑》现状实测）

2. 现代校园环境景观空间特点

（1）校园空间的多样化的特点：从设计形式上讲，多样化打破了现代主义的形式教条，大胆借鉴与融合古今中外优秀的造园手法，强化了环境的印象能力，形成丰富多彩的环境面貌，接近大众审美情趣。

（2）从环境心理学上讲，有利于满足师生不同心理需求：长期在单调的环境中生活，可能造成思维缓慢、智力下降的情况，相反，多样化的环境，信息量大，有更大的吸引力，有利于使用者稳定情绪和身心健康。

3. 校园空间的类型

（1）必要性空间，如：操场、广场……

（2）自发性空间，如：树林、小径、休闲椅……

（3）社会性空间，如：校园文化节、各种展览……

4. 校园空间的种类

（1）校园广场空间是用于聚会、开办展览、举行集会的地方。

（2）校园入口空间是校园的门户空间，具有一定的集散功能，有某种标志性，有可实施性和可识别性的表达。

（3）室外公共开放空间是指教学建筑的前廊、后院、广场、内院等空间，尺度一般不是很大。

（4）道路空间是高校内的道路，属于生活性道路，以步行为主，车流量很小。

以武汉科技大学城市学院校园景观环境设计——局部空间为例 [图 4–21、图 4–22、图 4–23、图 4–24、图 4–25、图 4–26、图 4–27、图 4–28、图 4–29、图 4–30、图 4–31、图 4–32、图 4–33、图 4–34、图 4–35（a）、图 4–35（b）、图 4–36、图 4–37、图 4–38、图 4–39、图 4–40、图 4–41、图 4–42]：

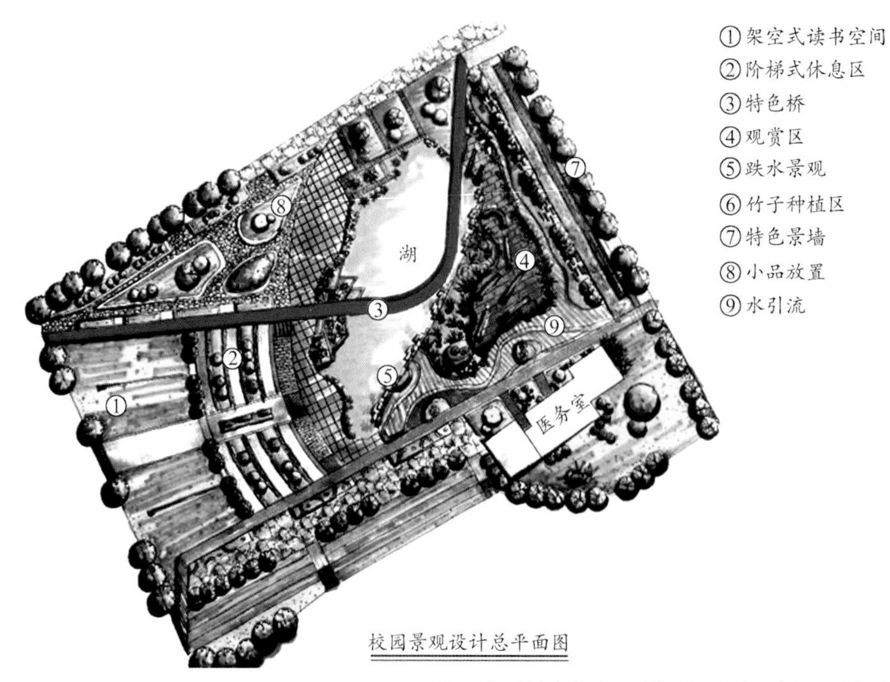

图 4–21 武汉科技大学城市学院校园景观局部——平面图

武汉科技大学城市学院校园景观局部创意切入点——“思源”，落其实者思其树，饮其流者怀其源。“饮水思源，叶落归根”都有“不忘本”的意思。区别在于：叶落归根的意义重点往往落在“归”字上；饮水思源的意义重点往往落在“思”字上。在强调要返回故土的意愿时，要用叶落归根；在强调要感恩戴德的意思时，要用饮水思源。

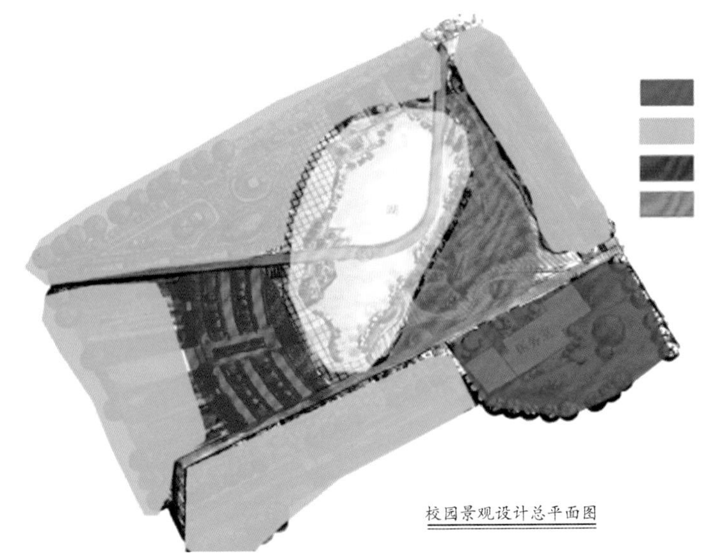

图 4-22 武汉科技大学城市学院校园景观局部——功能分区图

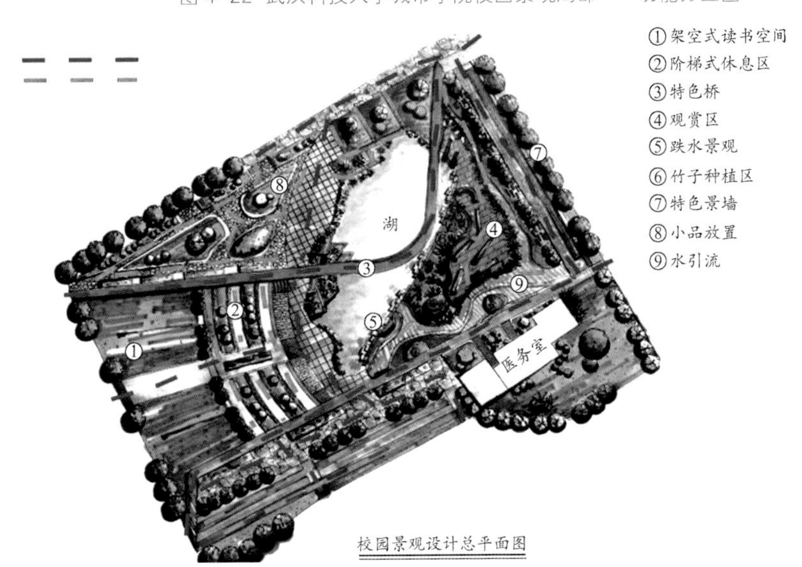

图 4-23 武汉科技大学城市学院校园景观局部——道路分析图

图 4-24 武汉科技大学城市学院校园景观局部——坡道建筑立面

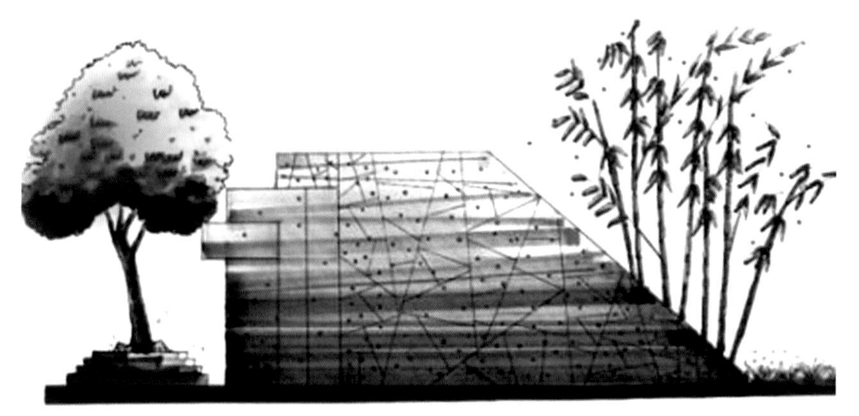

图 4-25 武汉科技大学城市学院校园景观局部——坡道建筑立面

图 4-26 武汉科技大学城市学院校园景观局部——休息区局部效果图

图 4-27 武汉科技大学城市学院校园景观局部——半开放空间效果图

图 4-28 武汉科技大学城市学院校园景观局部——雕塑小品

图 4-29 武汉科技大学城市学院校园景观局部——景观节点

图 4-30 武汉科技大学城市学院校园景观局部——临湖看台剖面

图 4-31 武汉科技大学城市学院校园景观局部——临湖看台透视

图 4-32 武汉科技大学城市学院校园景观局部——剖面

图 4-33 武汉科技大学城市学院校园景观局部——桥面设计草图

图 4-34 武汉科技大学城市学院校园景观局部——桥面透视效果

图 4-35 武汉科技大学城市学院校园景观局部——桥面场景效果（a）

图 4-35 武汉科技大学城市学院校园景观局部——桥面场景效果（b）

图 4-36 武汉科技大学城市学院校园景观局部——水岸景观大洋图

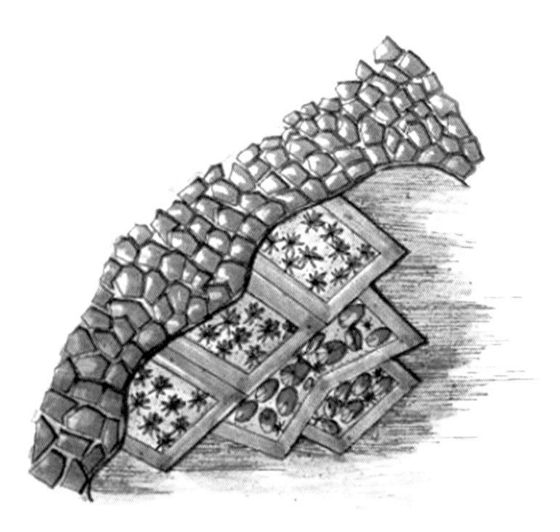

图 4-37 武汉科技大学城市学院校园景观局部——水岸景观局部平面

图 4-38 武汉科技大学城市学院校园景观局部——水岸景观效果

图 4-39 武汉科技大学城市学院校园景观局部——水池小品

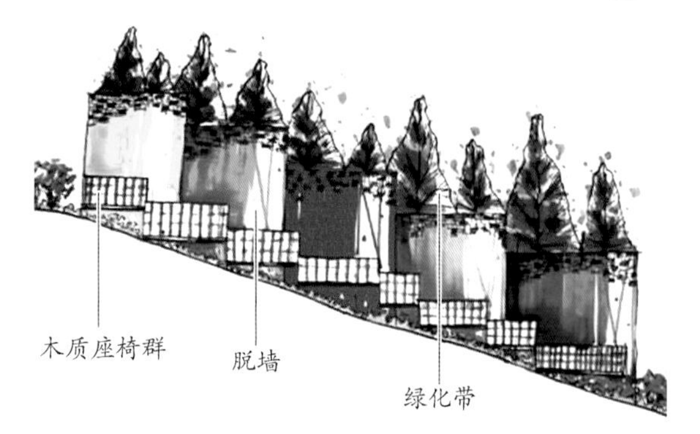

图4-40 武汉科技大学城市学院校园景观局部——特色景墙立面

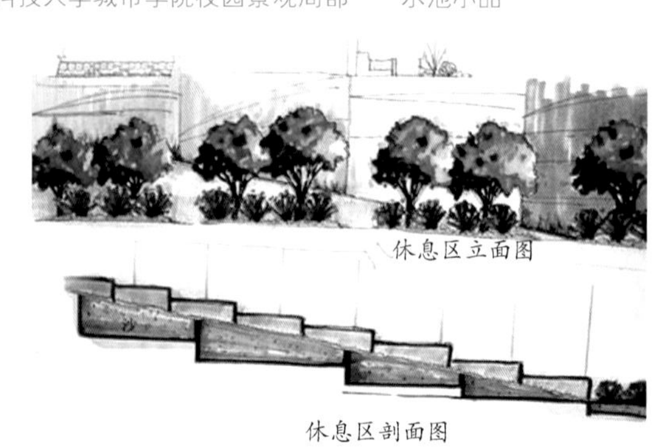

图4-41 武汉科技大学城市学院校园景观局部——休闲区剖面

图 4-42 武汉科技大学城市学院校园景观局部——休闲区效果

第五节 旅游目的地景观设计

旅游目的地存在的价值就是在于旅游体验，而旅游体验是与旅游景观紧密相连的。

旅游目的地与地方、地方感、地方性有着紧密的联系。地方是一个地理学概念，由于空间的差异地理学最初被认为是“在不同的时间、地点，不同人发生的不同事”，空间被认为是“人类活动的容器，是客观、可绘制的”。地方性指的是不同地方的特性。地方感是关于人们对特定地理场所（setting）的信仰、情感和行为忠诚的多维概念，主要包括地方依恋（place attachment）、地方认同（place identity）、地方意象（place image）和机构忠实（agency commitment）等研究领域。

1. 物质文化遗产

物质文化遗产景观环境包括自然物质文化遗产和历史物质文化遗产。

以以苏州拙政园为例：（图 4-43、图 4-44、图 4-45、图 4-46、图 4-47、图 4-48、图 4-49）

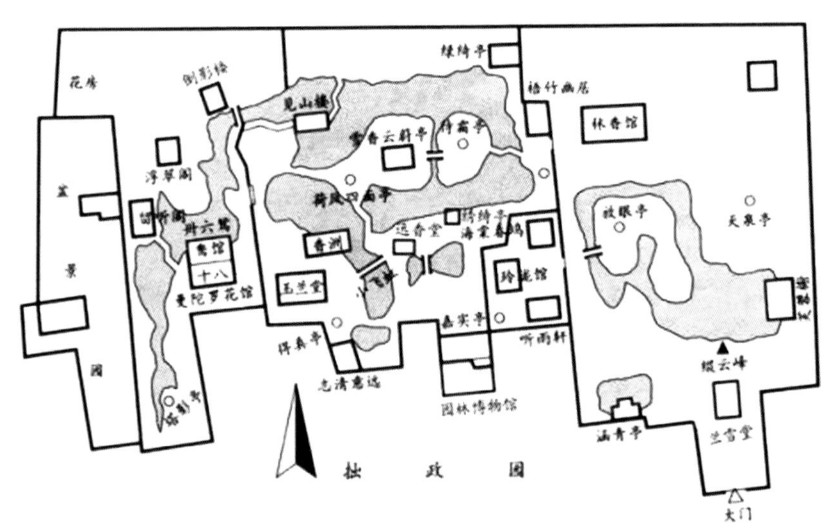

图 4-43 苏州拙政园——平面图

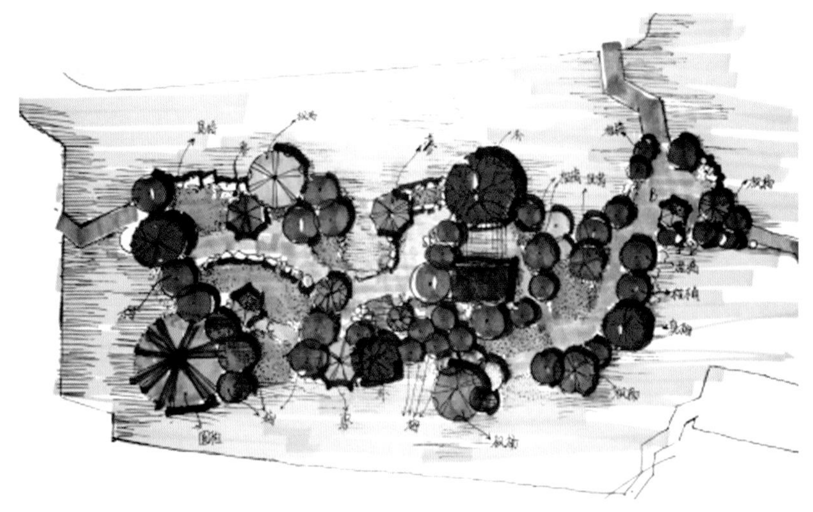

图 4-44 苏州拙政园——听雨轩平面图

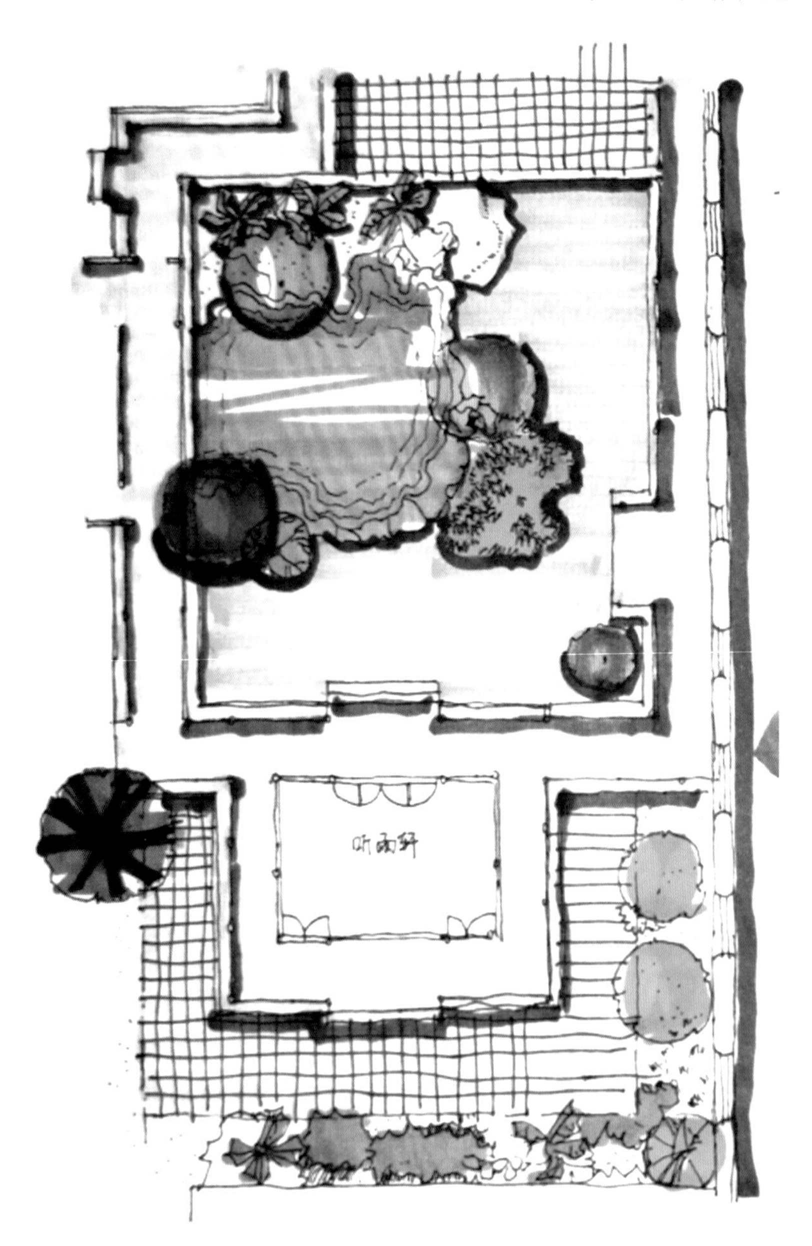

图 4-45 苏州拙政园——听雨轩平面图

图 4-46 苏州拙政园——听雨轩透视图（透视线稿图）

图 4-47 苏州拙政园——听雨轩透视图（透视效果图）

图 4-48 苏州拙政园——与谁同坐轩实景图

图 4-49 苏州拙政园——小飞虹实景图

2. 民俗环境景观

民俗环境景观主要体现地方文化特征和地域文化特征。

以深圳市福田原居民记忆公园景观设计为例：

福田原居民记忆公园是“村落记忆”，它像一部城市寓言：深圳也是由“村庄”发展到现在的繁华。公园按地势分为了记忆广场和信息阡陌两块。[图4-50、图4-51、图4-52、图4-53（a）、图4-53（b）、图4-53（c）、图4-53（d）、图4-53（e）、图4-53（f）、图4-53（g）、图4-53（h）、图4-53（i）、图4-53（j）]

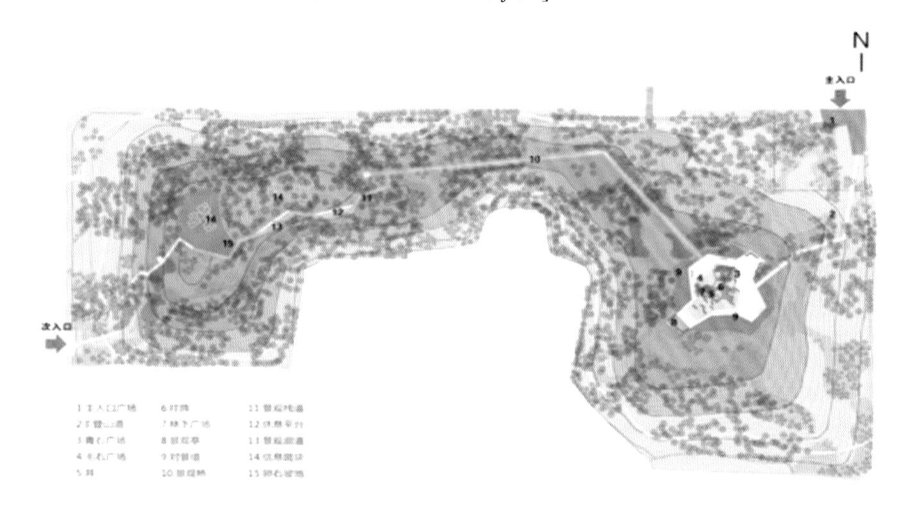

图4-50 深圳市福田原居民记忆公园景观设计——总平面图（广州土人景观）

图4-51 深圳市福田原居民记忆公园景观设计——广场俯视图（广州土人景观）

图4-52 深圳市福田原居民记忆公园景观设计——透视图（广州土人景观）

图4-53 深圳市福田原居民记忆公园景观设计——节点透视图（a）（广州土人景观）

图4-53 深圳市福田原居民记忆公园景观设计——节点透视图（b）（广州土人景观）

图4-53 深圳市福田原居民记忆公园景观设计——节点透视图（c）（广州土人景观）

图4-53 深圳市福田原居民记忆公园景观设计——节点透视图（d）（广州土人景观）

图4-53 深圳市福田原居民记忆公园景观设计——节点透视图（e）（广州土人景观）

图4-53 深圳市福田原居民记忆公园景观设计——节点透视图（f）（广州土人景观）

图4-53 深圳市福田原居民记忆公园景观设计——节点透视图（g）（广州土人景观）

图4-53 深圳市福田原居民记忆公园景观设计——节点透视图（h）（广州土人景观）

图4-53 深圳市福田原居民记忆公园景观设计——节点透视图（i）（广州土人景观）

图4-53 深圳市福田原居民记忆公园景观设计——节点透视图（j）（广州土人景观）

3. 商业旅游景观

商业旅游环境景观一般指具有商业价值的旅游景点，有时代的特征及大量的人群和商业文化特征。

以佛山市南海区食街规划设计——概念设计为例：

广东佛山南海区食街规划设计灵感源自于市井儿童的游戏——石头、剪刀、布。用轻松、诙谐的手法和设计语言来阐释这个娱乐休闲空间，将点、线、面灵活地结合，形成一种有趣的“迷失”。[图4-54、图4-55、图4-56、图4-57、图4-58（a）、图4-58（b）、图4-58（c）]

图4-54 佛山市南海区食街规划设计（广州土人景观）

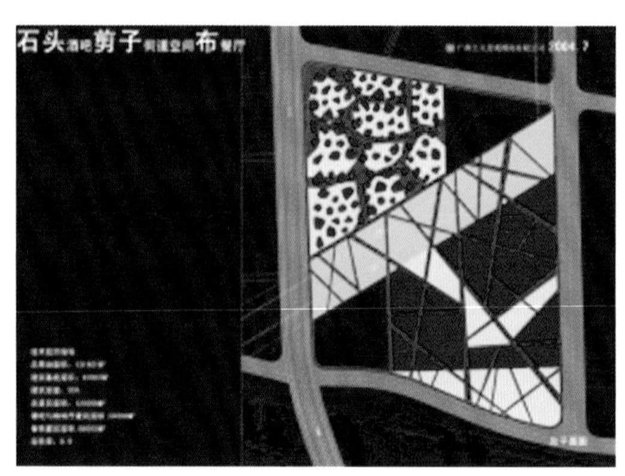

图4-55 佛山市南海区食街规划设计——总平面图（广州土人景观）

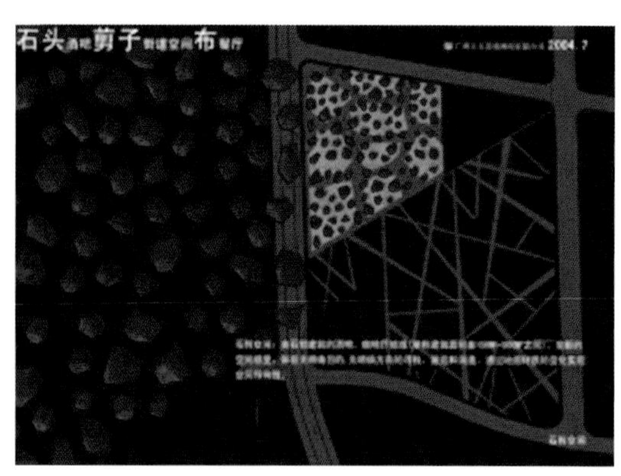

图4-56 佛山市南海区食街规划设计——石阵空间图（广州土人景观）

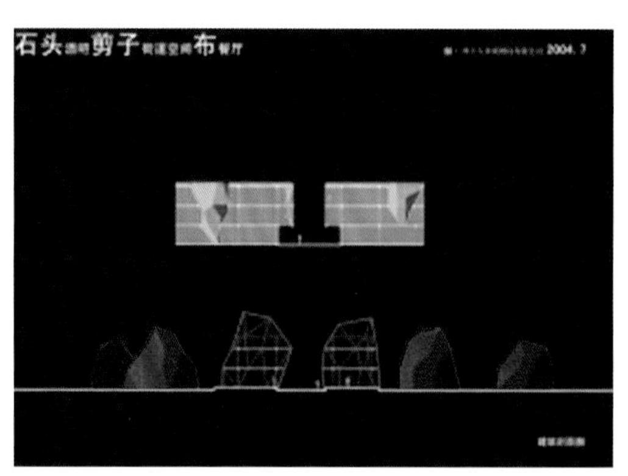

图4-57 佛山市南海区食街规划设计——建筑剖面图（广州土人景观）

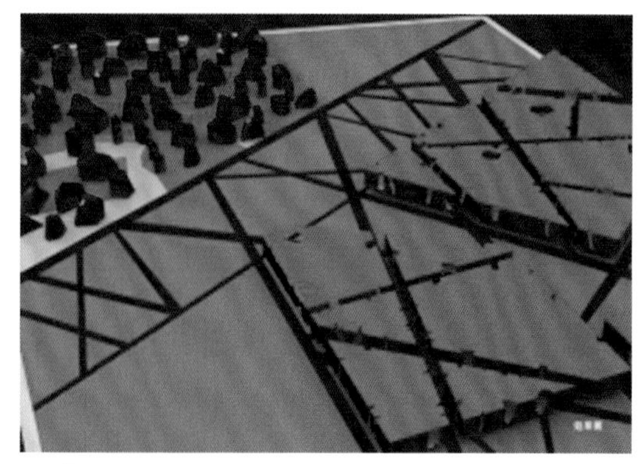

图4-58 佛山市南海区食街规划设计——效果图（a）（广州土人景观）

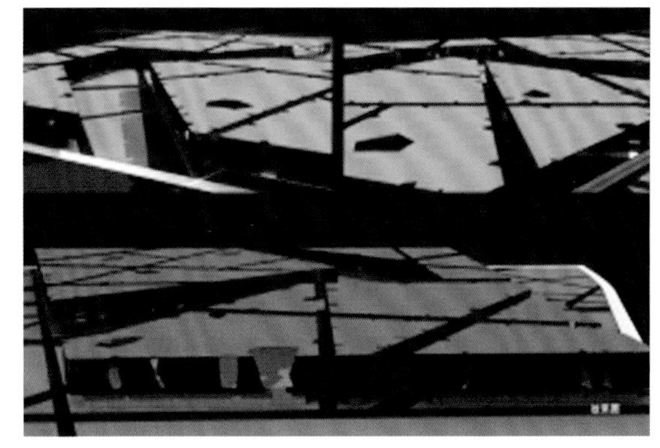

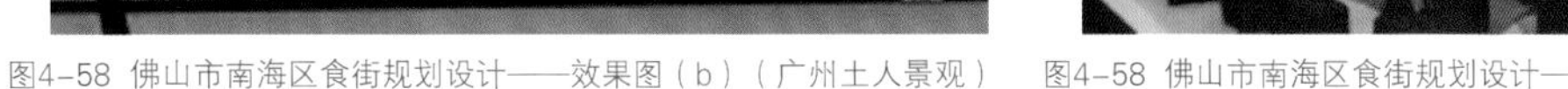

图4-58 佛山市南海区食街规划设计——效果图（b）（广州土人景观）　图4-58 佛山市南海区食街规划设计——效果图（c）（广州土人景观）

第六节　特殊地理环境景观设计

特殊地理环境景观是在不同的地理区域环境下不同的景观效果差异特征，主要包括湿地景观环境、山岳型景观环境、沙漠景观环境等。

1. 湿地景观环境

湿地的功能是多方面的，它可作为直接利用的水源或补充地下水，又能有效控制洪水和防止土壤沙化，还能滞留沉积物、有毒物、营养物质，从而改善环境污染；它能以有机质的形式储存碳元素，减少温室效应，保护海岸不受风浪侵蚀，提供清洁方便的运输方式……它因有如此众多而有益的功能而被人们称为“地球之肾”。湿地还是众多植物、动物特别是水禽生长的乐园，同时又向人类提供食物（水产品、禽畜产品、谷物）、能源（水能、泥炭、薪柴）、原材料（芦苇、木材、药用植物）和旅游场所，是人类赖以生存和持续发展的重要基础。

湿地特征：陆地和水域的交汇处，水位接近或处于地表面，或有浅层积水。

（1）至少周期性地以水生植物为植物优势种。

（2）底层土主要是湿土。

（3）在每年的生长季节，底层有时被水淹没。

湿地的功能：

（1）物质生产功能。

（2）大气组分调节功能。

（3）水分调节功能。

（4）净化功能。

（5）提供动物栖息地功能。

以哈尔滨文化中心湿地公园为例：[图4-59、图4-60、图4-61（a）、图4-61（b）、图4-61（c）、图4-61（d）]

图 4-59 哈尔滨文化中心湿地公园现状分析（北京土人景观）

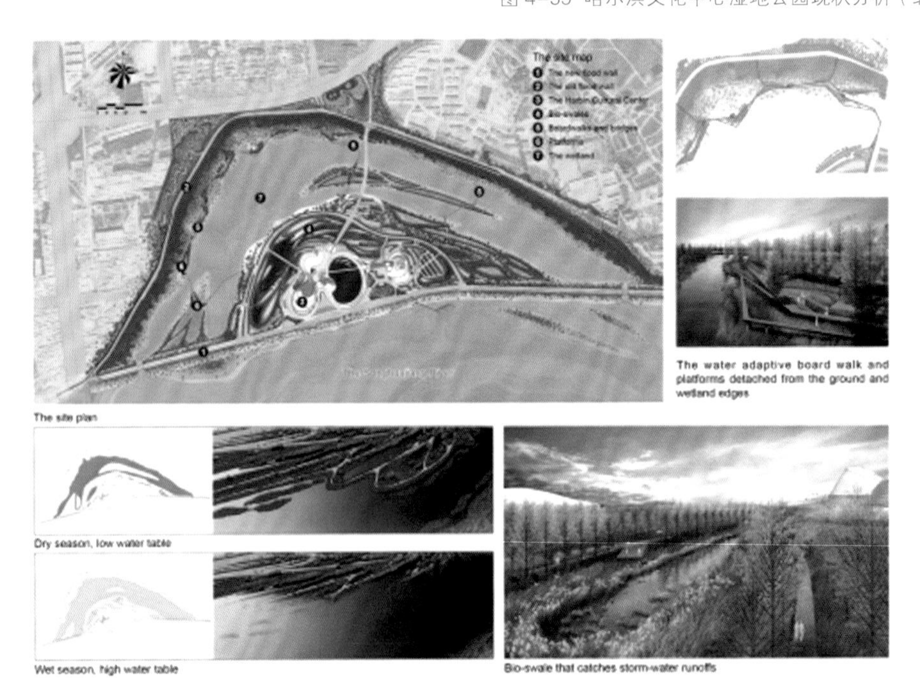

图 4-60 哈尔滨文化中心湿地公园规划设计（北京土人景观）

图 4-61 哈尔滨文化中心湿地公园实景效果（a）（北京土人景观） 图 4-61 哈尔滨文化中心湿地公园实景效果（b）（北京土人景观）

图 4-61 哈尔滨文化中心湿地公园实景效果（c）（北京土人景观）图 4-61 哈尔滨文化中心湿地公园实景效果（d）（北京土人景观）

2. 山岳型环境景观

山岳型环境景观主要依托于自然环境较好的山体，通过得天优厚先觉自然条件，在山体中的环境创造。

以湖北大城山天然城堡旅游度假区总体规划为例：（图 4-62、图 4-63、图 4-64、图 4-65、图 4-66、图 4-67、图 4-68、图 4-69、图 4-70、图 4-71、图 4-72、图 4-73、图 4-74、图 4-75、图 4-76、图 4-77、图 4-78）

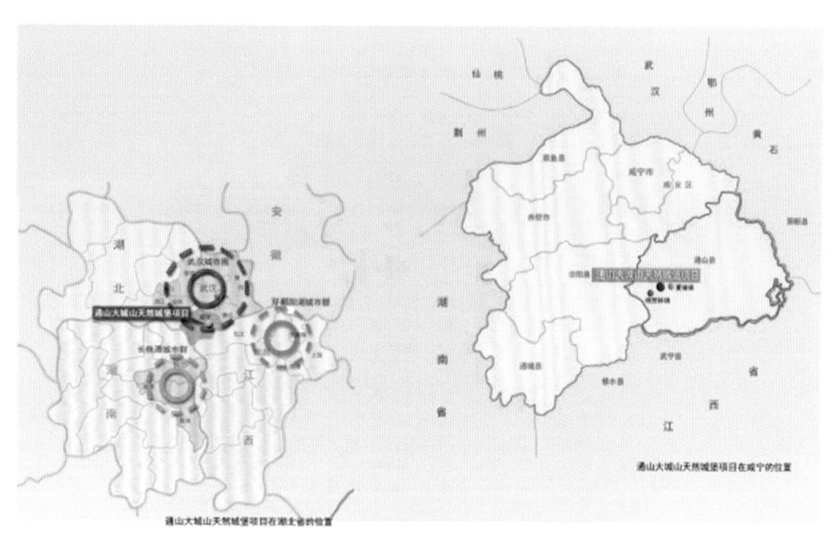

图 4-62 大城山天然城堡旅游度假区——区位分析图（武汉大学景园规划设计研究院）

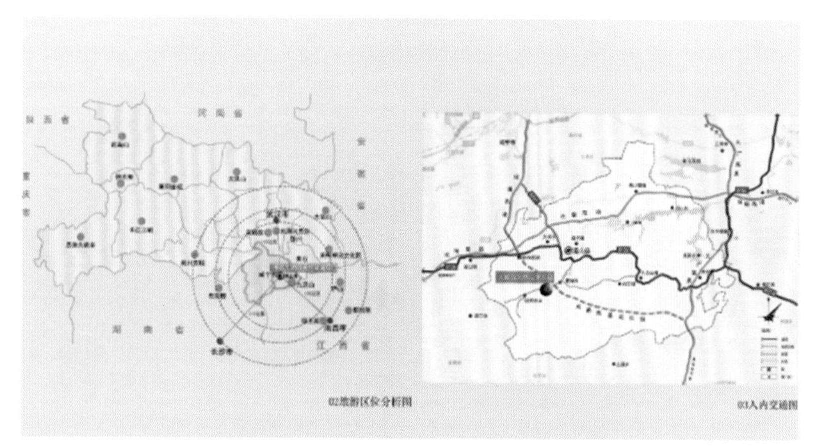

图 4-63 大城山天然城堡旅游度假区——旅游区位分析、入内交通图图（武汉大学景园规划设计研究院）

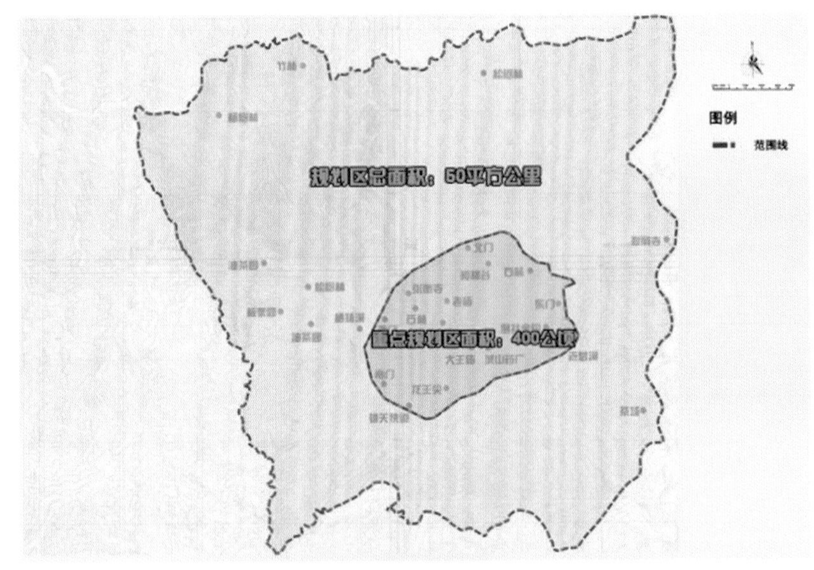

图 4-64 大城山天然城堡旅游度假区——范围图（武汉大学景园规划设计研究院）

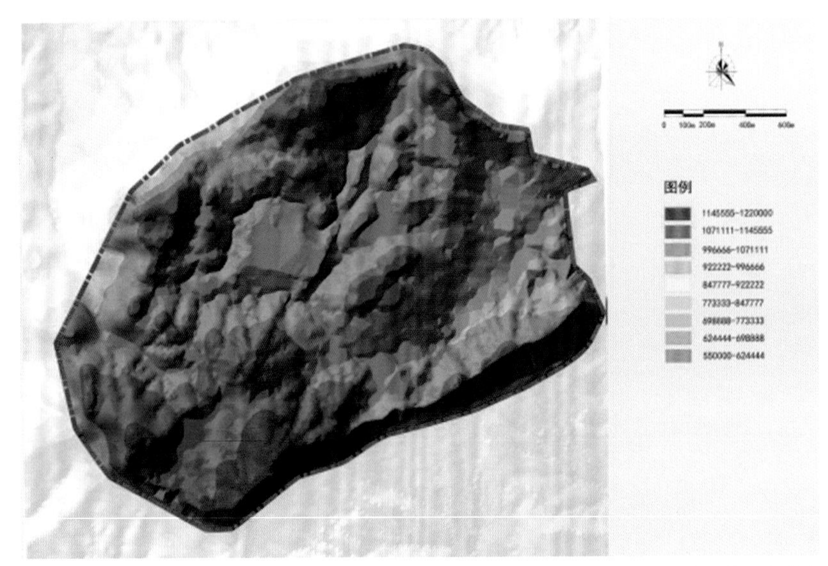

图 4-65 大城山天然城堡旅游度假区——高程分析图（武汉大学景园规划设计研究院）

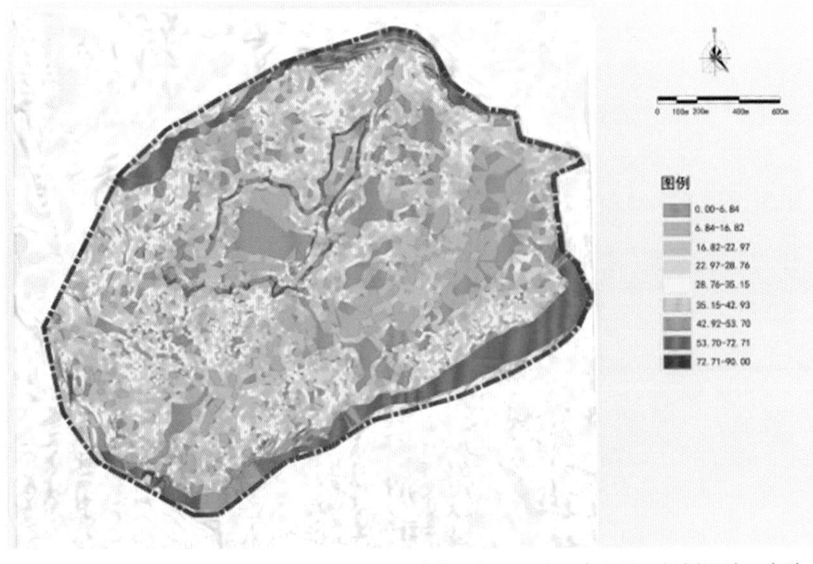

图 4-66 大城山天然城堡旅游度假区——坡度分析图（武汉大学景园规划设计研究院）

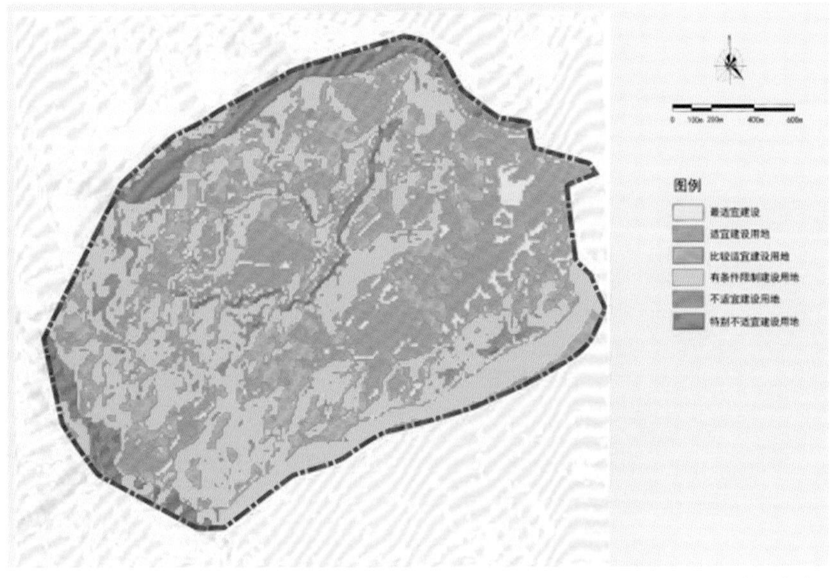

图 4-67 大城山天然城堡旅游度假区——适宜性分析图（武汉大学景园规划设计研究院）

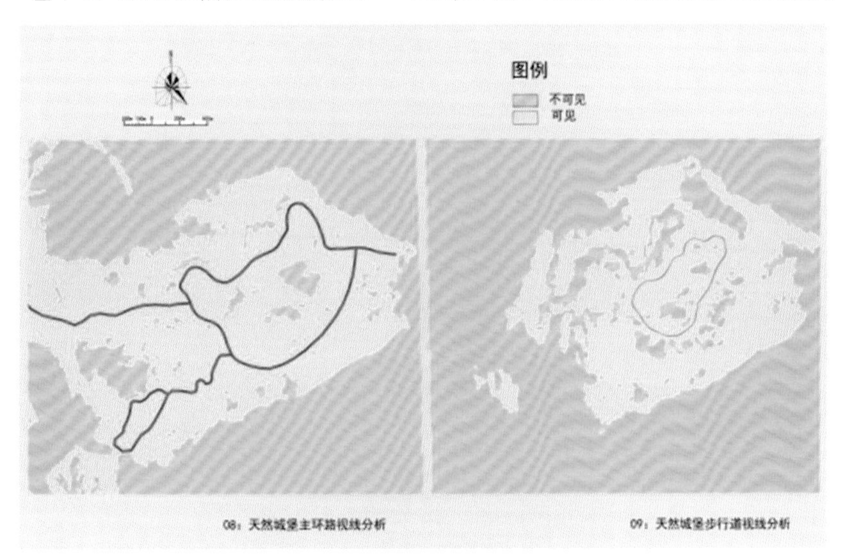

图 4-68 大城山天然城堡旅游度假区——主环路视线分析图（武汉大学景园规划设计研究院）

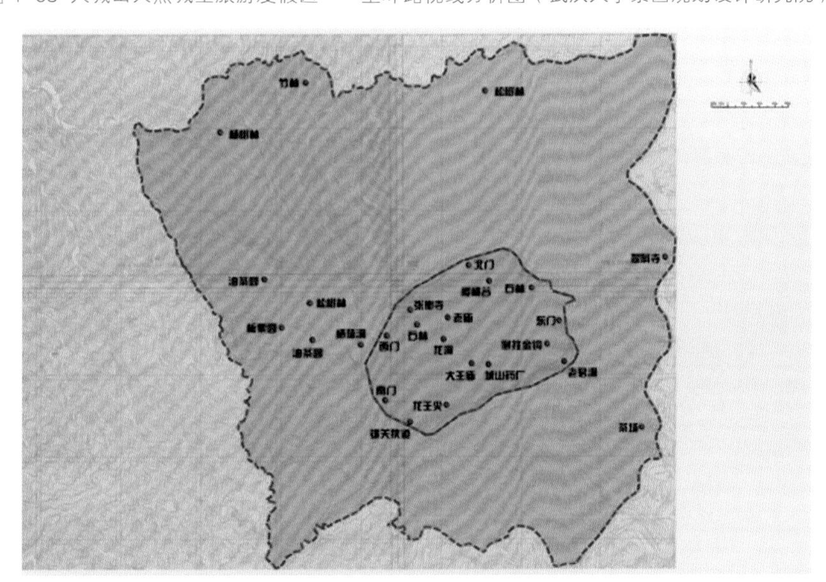

图 4-69 大城山天然城堡旅游度假区——资源分布图（武汉大学景园规划设计研究院）

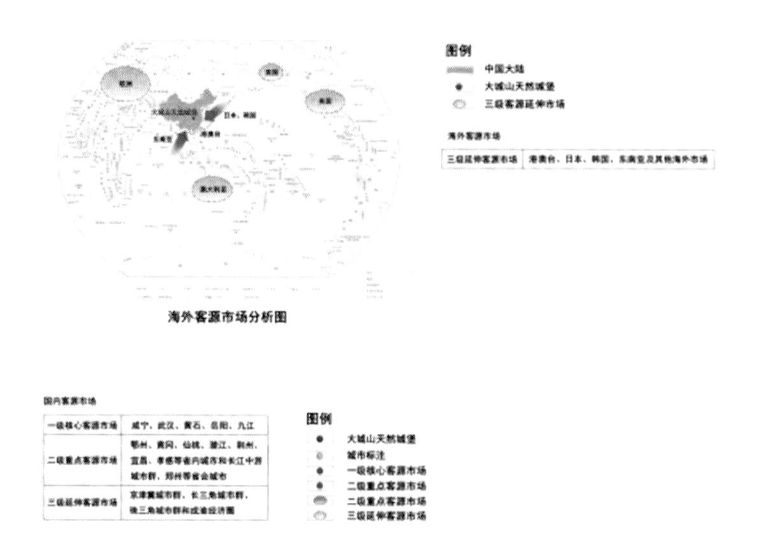

图 4-70 大城山天然城堡旅游度假区——客源市场分析图（武汉大学景园规划设计研究院）

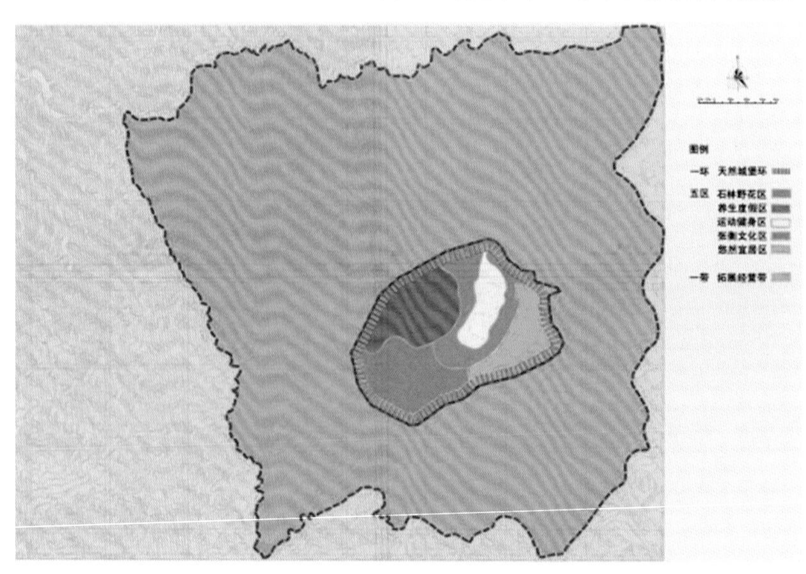

图 4-71 大城山天然城堡旅游度假区——空间结构图（武汉大学景园规划设计研究院）

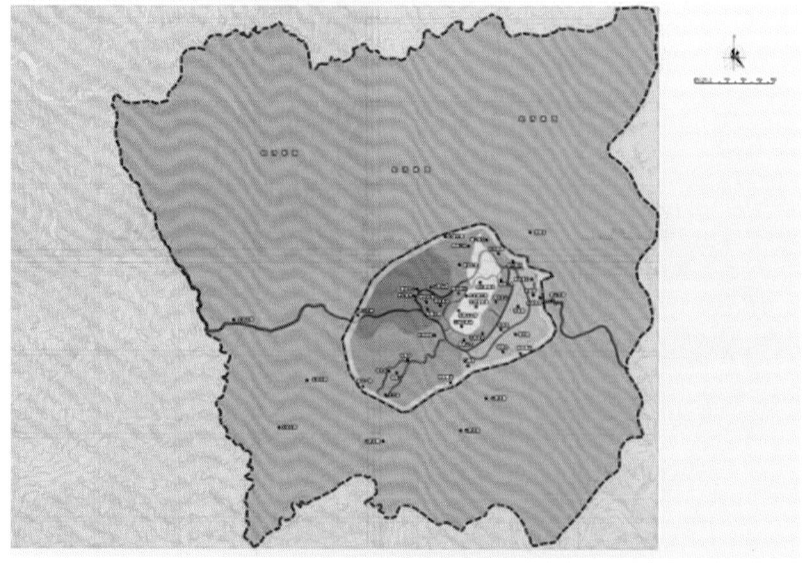

图 4-72 大城山天然城堡旅游度假区——总体布局图（武汉大学景园规划设计研究院）

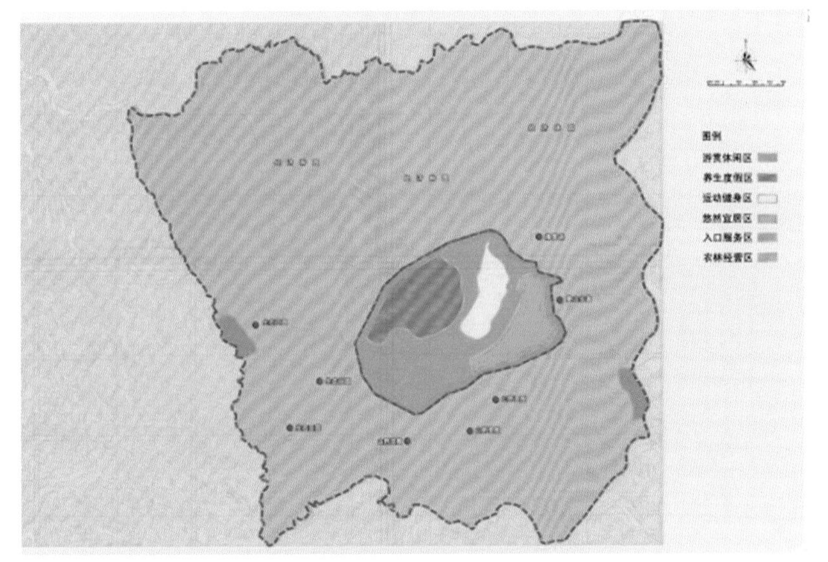

图 4-73 大城山天然城堡旅游度假区——功能分区图（武汉大学景园规划设计研究院）

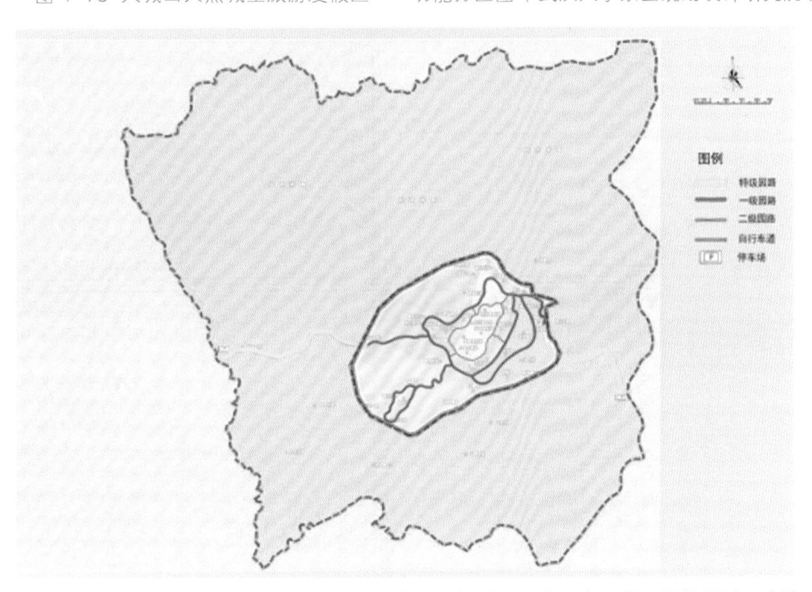

图 4-74 大城山天然城堡旅游度假区——道路交通规划图（武汉大学景园规划设计研究院）

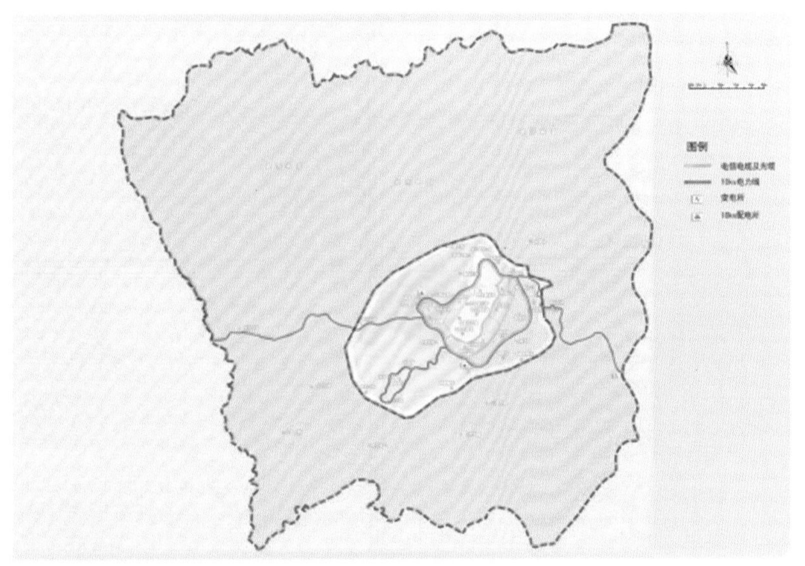

图 4-75 大城山天然城堡旅游度假区——电力电信规划图（武汉大学景园规划设计研究院）

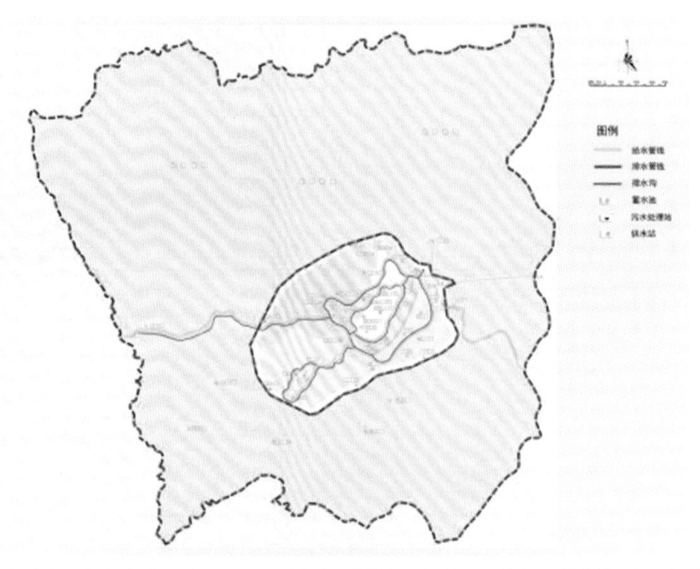

图 4-76 大城山天然城堡旅游度假区——给排水规划图（武汉大学景园规划设计研究院）

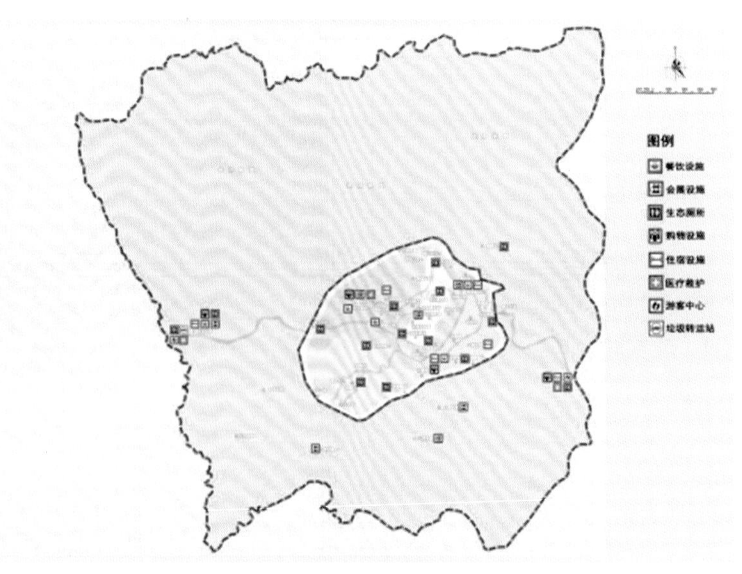

图 4-77 大城山天然城堡旅游度假区——服务设施规划图（武汉大学景园规划设计研究院）

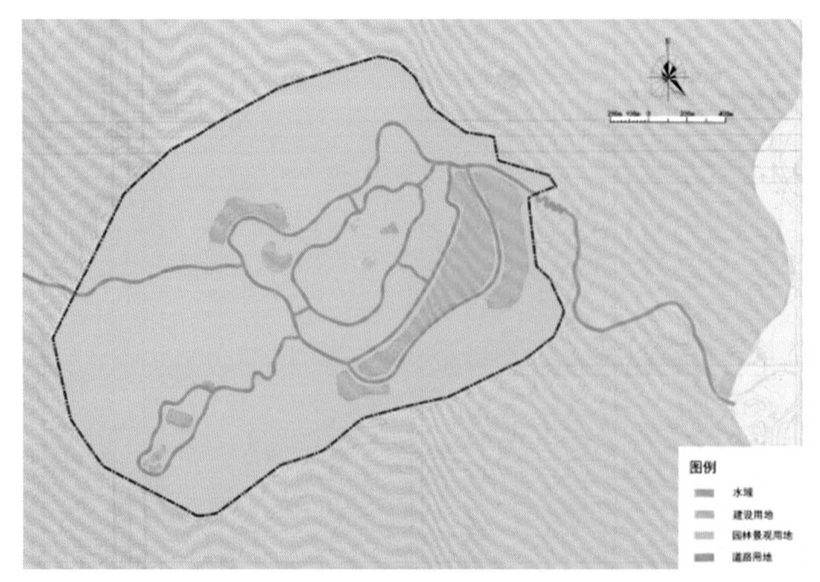

图 4-78 大城山天然城堡旅游度假区——土地利用规划图（武汉大学景园规划设计研究院）

3. 沙漠环境景观

沙漠特征：地面完全被沙所覆盖、植物非常稀少、雨水稀少、空气干燥的荒芜地区。

以宁夏沙坡头沙漠酒店环境为例：[图 4-79（a）、图 4-79（b）、图 4-79（c）、图 4-79（d）、图 4-79（e）、图 4-80（a）、图 4-80（b）]

图 4-79 宁夏沙坡头沙漠酒店——外部环境（a）

图 4-79 宁夏沙坡头沙漠酒店——外部环境（b）

图 4-79 宁夏沙坡头沙漠酒店——外部环境（c）

图 4-79 宁夏沙坡头沙漠酒店——外部环境（d）

图 4-79 宁夏沙坡头沙漠酒店——外部环境（e）

图 4-80 宁夏沙坡头沙漠酒店——局部空间（a）

图 4-80 宁夏沙坡头沙漠酒店——局部空间（b）

本章小结：

本章主要列举了不同环境景观类型的设计，除了要求学生掌握景观设计的景观元素问题外，会对不同环境的景观类型做设计。本章在介绍景观环境设计的内容的同时，列举了不同的例子。要求学生了解这些例子的特征并独立地完成整套景观设计。

思考与练习：

1. 设计某广场景观，主题自定。
2. 设计居住区环境景观设计，主题及形式自定。
3. 设计校园景观环境设计，主题自定。

第五章　景观设计涉及范畴及练习

第五章课件

本章知识点：

◎ 设计比赛练习。
◎ 入学考试景观设计练习。
◎ 景观设计从业资格考试练习。

学习目标：

了解并掌握不同种类的景观题材，掌握不同题材相应的设计思路。

第一节　设计比赛练习

为了对环境景观有一个整体把握，需要进行设计比赛活动练习。下面主要讲解国内设计比赛练习。

国内的环境景观设计比赛主要指全国和省级的相关环境设计的比赛，对象一般分为学生组和教师组，学生组指环境设计专业的专、本、研究生等，教师组指在高校从事环境设计教学的相关教师。环境景观设计比赛是按照主办方的要求对环境景观进行主题创意的设计，一般将局部设计的相关图纸排版在一个版面上。

方案一："意趣池塘"。该景观是以池塘为中心的后现代景观设计，通过树阵、景观墙、雕塑群、景观平台等景观元素，强调一种趣味性特征。[图 5-1、图 5-2（a）、图 5-2（b）、图 5-2（c）、图 5-2（d）、图 5-2（e）、图 5-3、图 5-4、图 5-5（a）、图 5-5（b）、图 5-6（a）、图 5-6（b）、图 5-7、图 5-8、图 5-9、图 5-10（a）、图 5-10（b）]

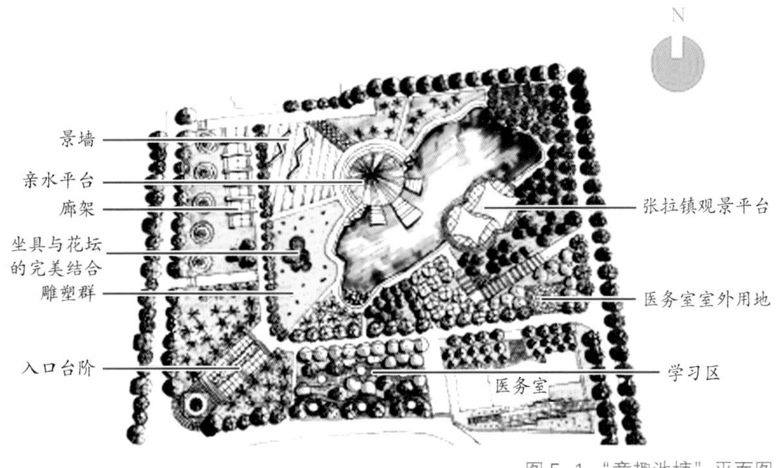

图 5-1 "意趣池塘"平面图

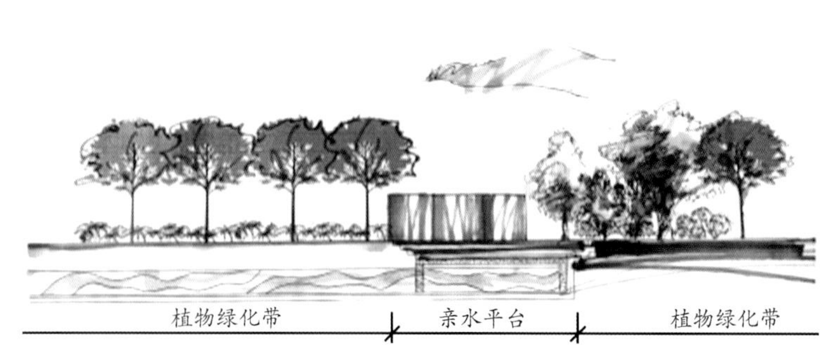

图 5-2 “意趣池塘”剖面图（a）

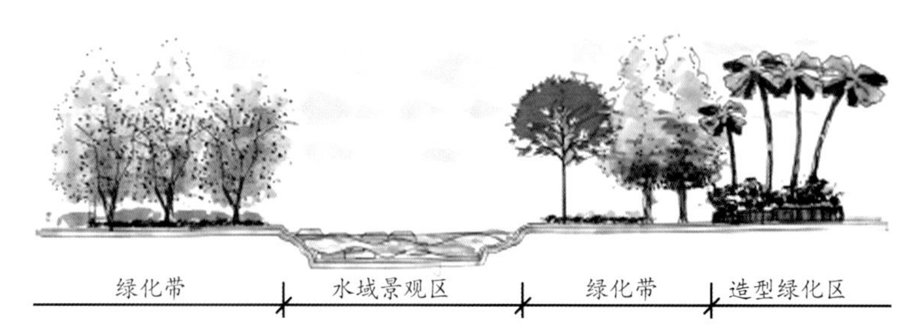

图 5-2 “意趣池塘”剖面图（b）

图 5-2 “意趣池塘”剖面图（c）

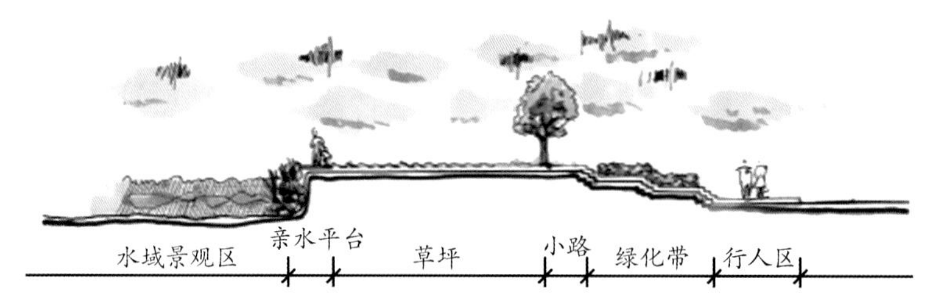

图 5-2 “意趣池塘”剖面图（d）

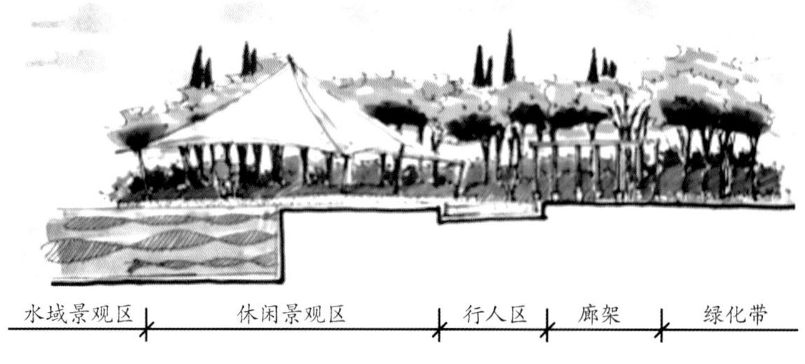

图 5-2 “意趣池塘”剖面图（e）

图 5-3 “意趣池塘”景观小品

图 5-4 “意趣池塘”景观墙

图 5-5 “意趣池塘”观景平台（a）

图 5-5 “意趣池塘”观景平台（b）

图 5-6 “意趣池塘”湖畔局部（a）

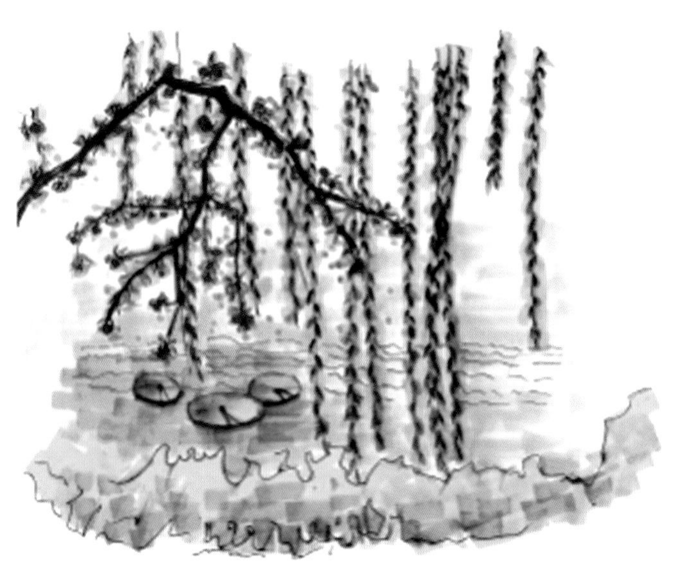

图 5-6 “意趣池塘”湖畔局部（b）

图 5-7 “意趣池塘”水生植物

图 5-8 “意趣池塘”漫步道效果

图 5-9 “意趣池塘”透视效果

图 5–10 “意趣池塘”排版（a）

图 5–10 “意趣池塘”排版（b）

方案二："抚景园"。该景观也是以池塘为中心的现代景观设计，设计重点是对整个景观中功能分区的把握，强调使用者身临环境的感受，用"抚摸"二字强调"绿色校园环境概念"特征。（图 5-11、图 5-12、图 5-13、图 5-14、图 5-15、图 5-16、图 5-17）

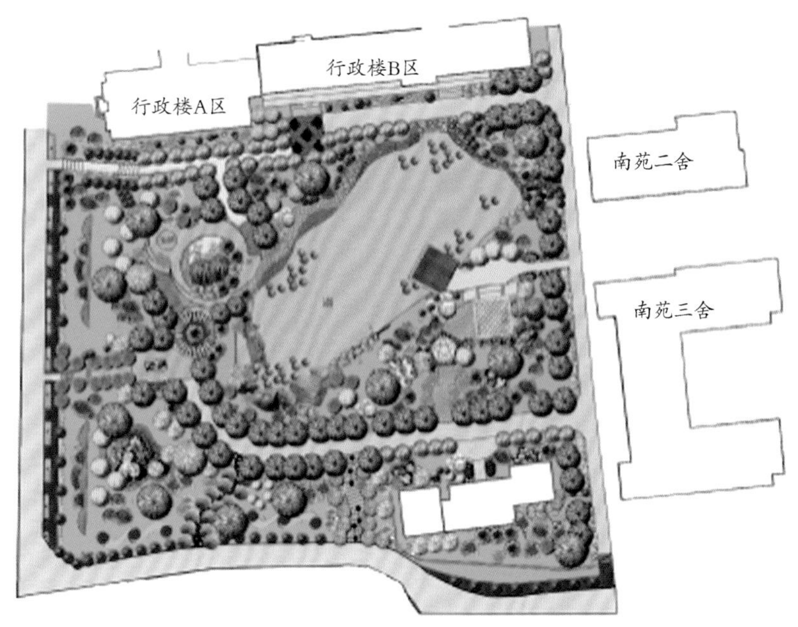

图 5-11 "抚景园"平面图

图 5-12 "抚景园"立面图

图 5-13 "抚景园"剖面图

图 5-14 “抚景园”道路流线

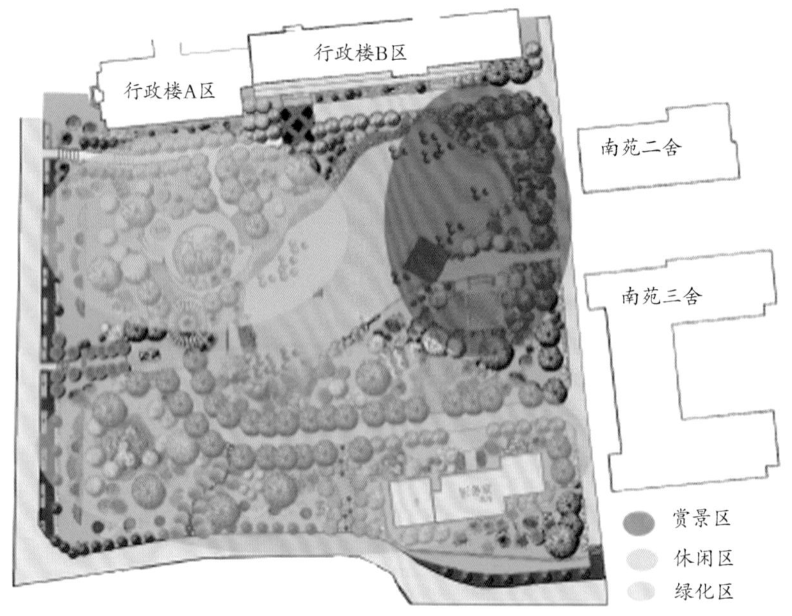

图 5-15 “抚景园”功能分区

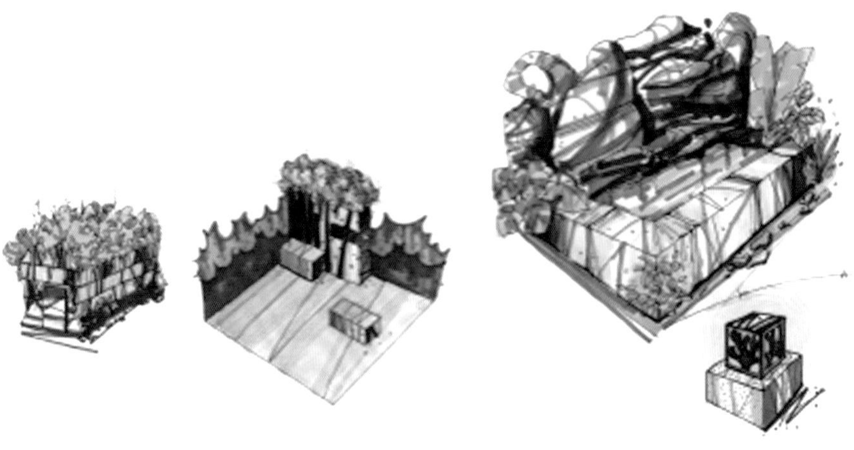

图 5-16 “抚景园”景观节点

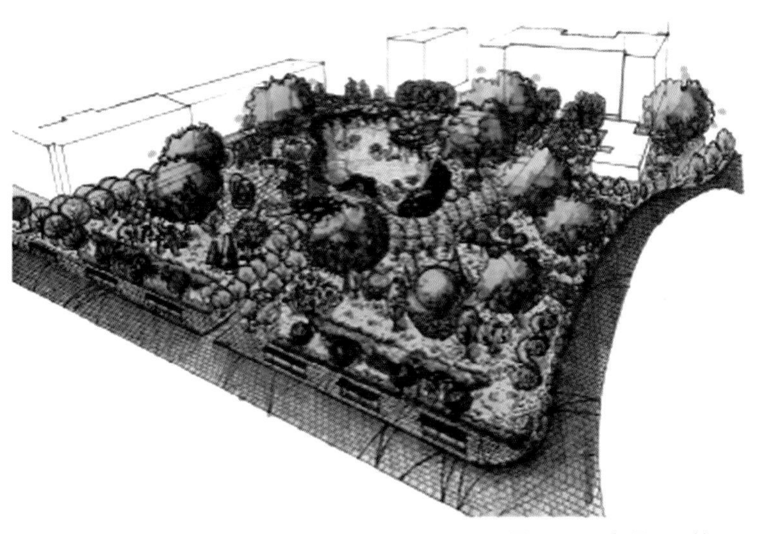

图 5-17 “抚景园”效果图

方案三：“戏曲庭园空间”。该景观平面以京剧脸谱为造型布局，将传统造型元素符号应用于各个设计局部。[图 5-18、图 5-19（a）、图 5-19（b）、图 5-20（a）、图 5-20（b）、图 5-21、图 5-22（a）、图 5-22（b）]

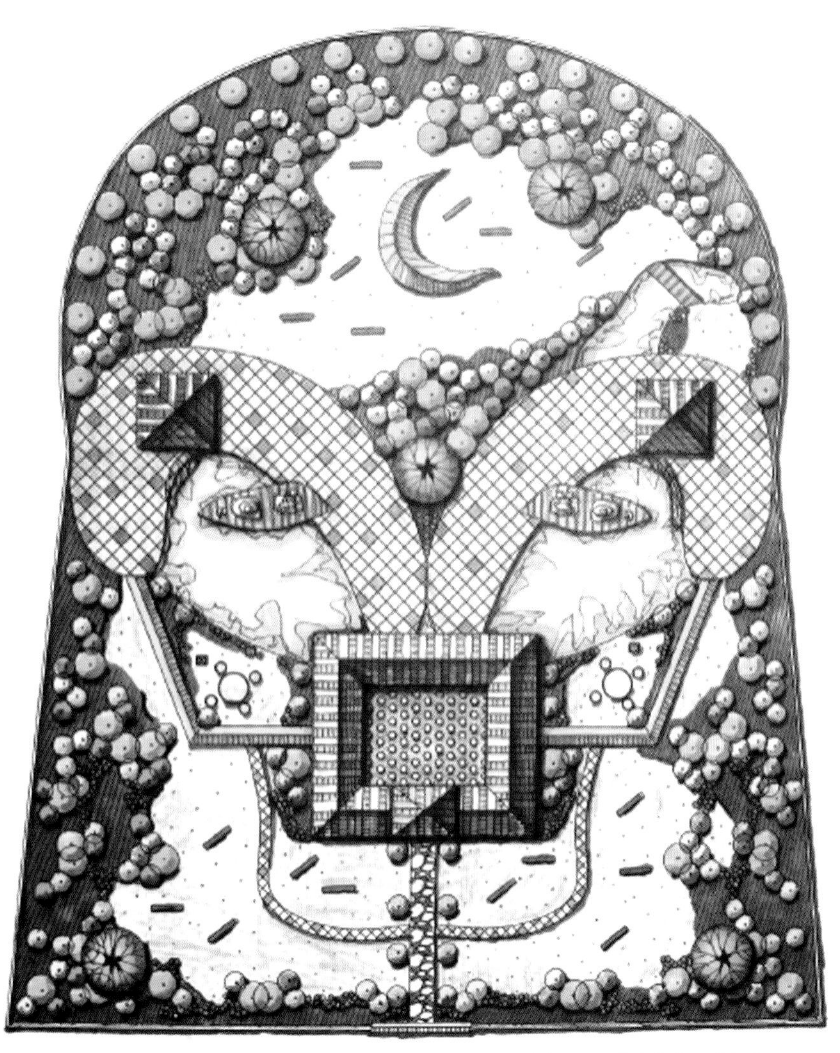

图 5-18 “戏曲庭园空间”平面图

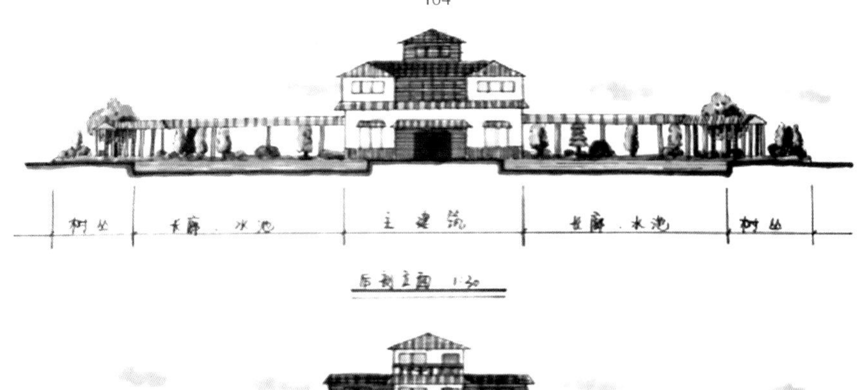

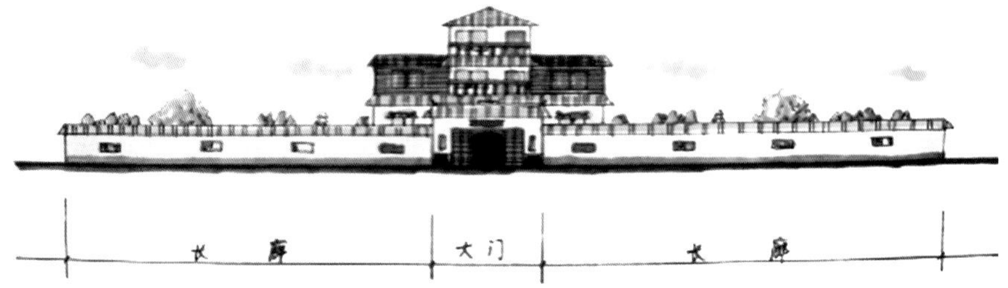

图 5-19 “戏曲庭园空间”立面（a）

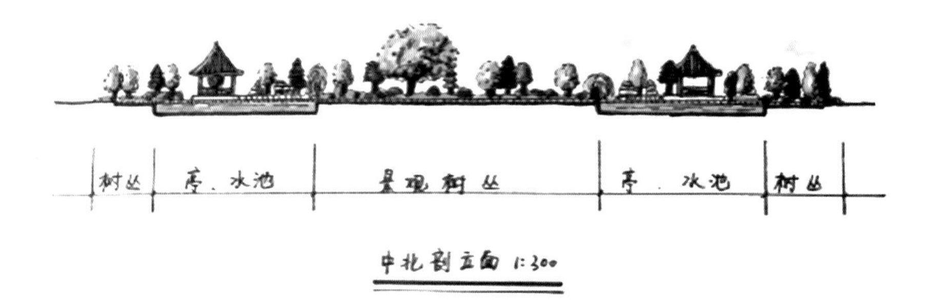

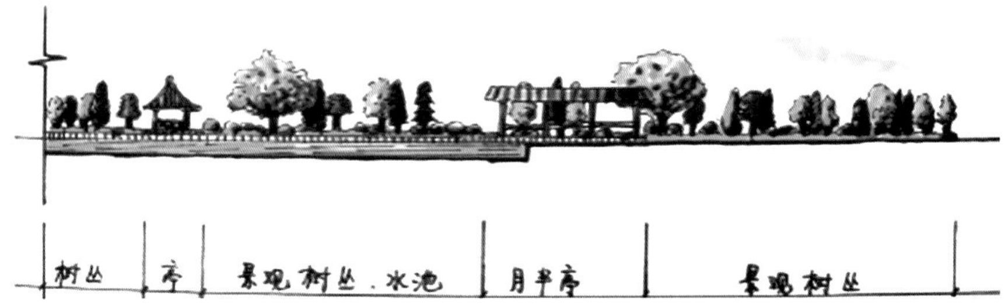

图 5-19 “戏曲庭园空间”立面（b）

图 5-20 “戏曲庭园空间”局部节点（a）

图 5-20 “戏曲庭园空间”局部节点（b）

图 5-21 “戏曲庭园空间”透视

图 5-22 “戏曲庭园空间”排版（a）

图 5-22 “戏曲庭园空间”排版（b）

第二节 入学考试景观设计练习

入学考试景观设计包括高考升学景观设计和研究生入学考试的景观设计，其中，高考升学景观设计较为简单，主要针对景观的局部空间或者景观雕塑小品设计。下面主要讲解高考升学景观设计。

在国内艺术生高考的专业设计中，景观部分的考试主要是针对景观单体的空间设计，例如，庭园景观设计、雕塑小品设计、指路牌设计等；另外，还有对某一元素符号的创意应用，例如，楚文化及地方传统民俗文化在景观小品创意设计中的应用等。

方案一：庭园景观设计，主要完成庭园空间的平面布局及空间中构成元素的设计。[图 5-23（a）、图 5-23（b）、图 5-23（c）]

图案的铺底结合错落的植被形成更丰富朴素静逸的感官享受，漫步于嵌草的踏步上，前方参差而有序的条状铺石、突出水面的原木平台，这一切都体现了主人不同一般的艺术品位。

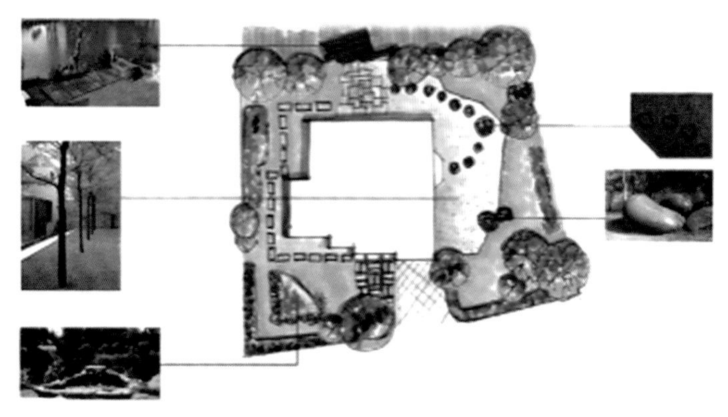

图 5-23 庭园景观（a）

宽阔的河道、自然的小池、细软的沙地、清幽得不受干扰；欢乐地嬉戏、悠闲地漫步、安静地垂钓、惬意地享受属于你的生活、属于你的每一天。

图 5-23 庭园景观（b）

乔、灌木共同围合了大面积的阳光草坪和房舍，形成一个幽静自然的庭院空间，大型的浴光平台，无拘束感受自然；无拘束享受一万缕阳光的温暖……

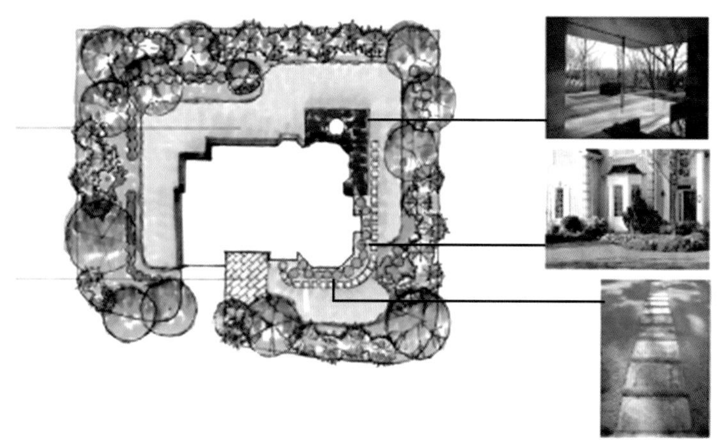

图 5-23 庭园景观（c）

方案二：传统符号设计应用，主要是传统文化元素符号在景观环境小品及指示牌中的应用。图 5-24（a）、图 5-24（b）、图 5-24（c）、图 5-24（d）。

图 5-24 指示牌（a）

图 5-24 指示牌（b）

图 5-24 指示牌（c）

图 5-24 指示牌（d）

第三节 景观设计从业资格考试练习

景观设计从业资格证有初级和中、高级之分，其中，景观设计员及助理景观设计师都属于初级景观设计师，具备景观设计初级从业资格；具有中、高级景观设计从业资格的是景观设计师、高级景观设计师。景观设计员、助理景观设计师、景观设计师、高级景观设计师分别对应国家职业资格四级、三级、二级、一级。在所有景观设计从业资格考试中，除了一些客观的题目外，另一部分就是主观题景观设计。

一、初级景观设计从业资格考试

初级景观设计从业资格考试主要了解景观设计的基本构成元素有哪些，通过景观中的基本构成元素完成相关的设计图纸。

方案一："落雁湖"景观设计，主要对湖景进行景观设计。[图5-25、图5-26（a）、图5-26（b）、图5-27（a）、图5-27（b）、图5-27（c）、图5-28、图5-29、图5-30、图5-31、图5-32、图5-33]

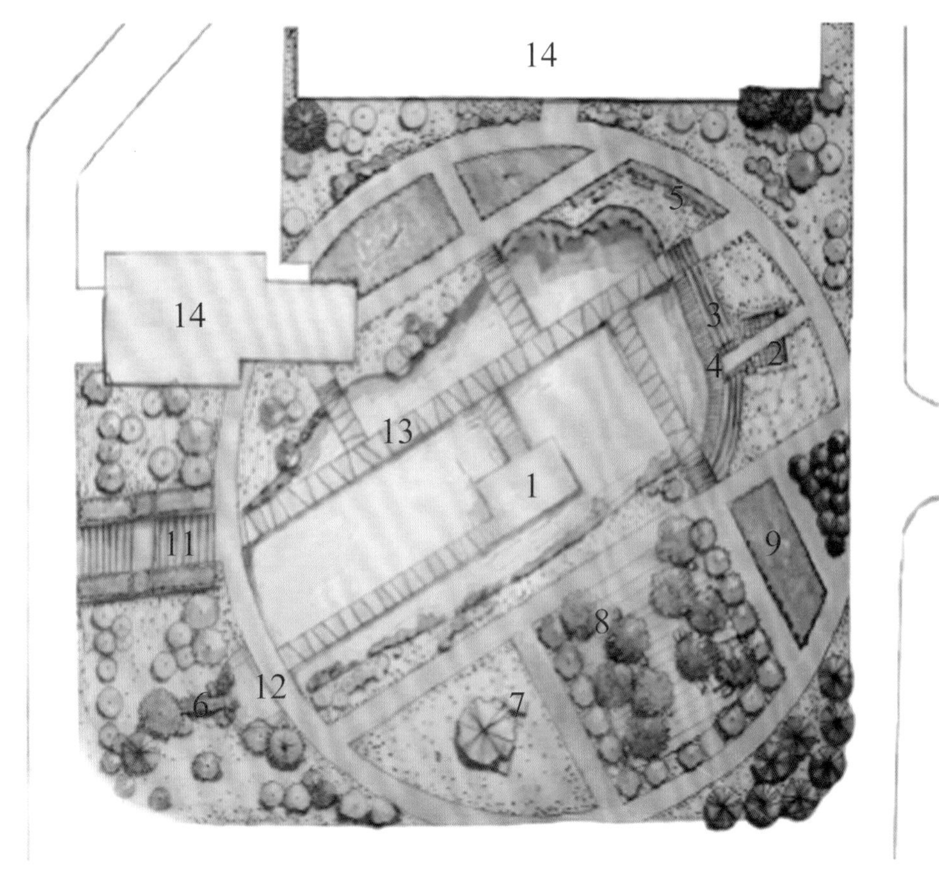

图5-25 "落雁湖"平面图

图5-26 "落雁湖"立面图（a）

图5-26 "落雁湖"立面图（b）

图 5-27 “落雁湖”公共小品效果图（a）

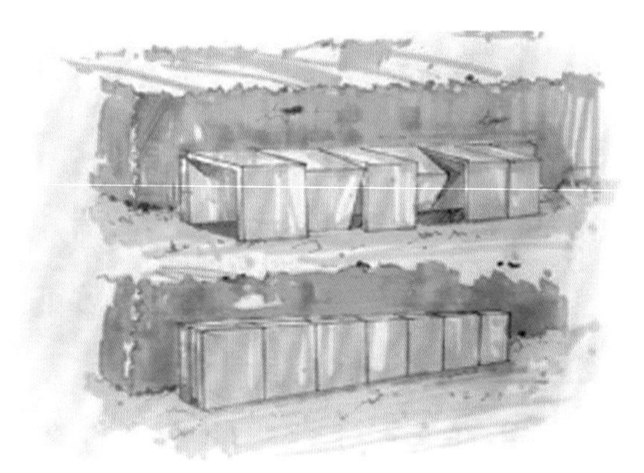

图 5-27 “落雁湖”公共小品效果图（b）

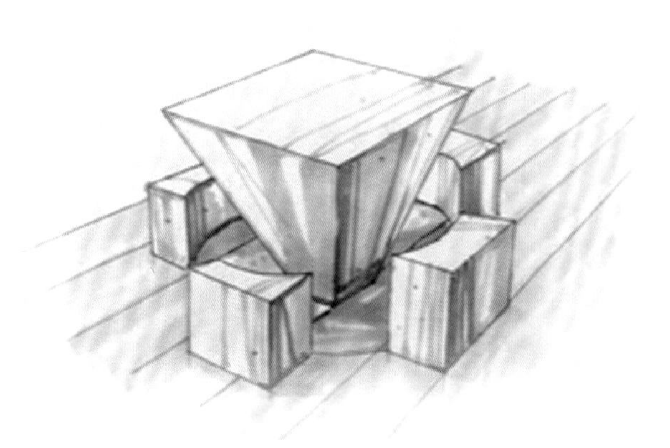

图 5-27 “落雁湖”公共小品效果图（c）

图 5-28 “落雁湖”湖心景观节点效果图

图 5-29 “落雁湖”半私密空间效果图

图 5-30 “落雁湖”亲水平台效果图

图 5-31 “落雁湖”亲水景观效果图

图 5-32 “落雁湖”小品效果图

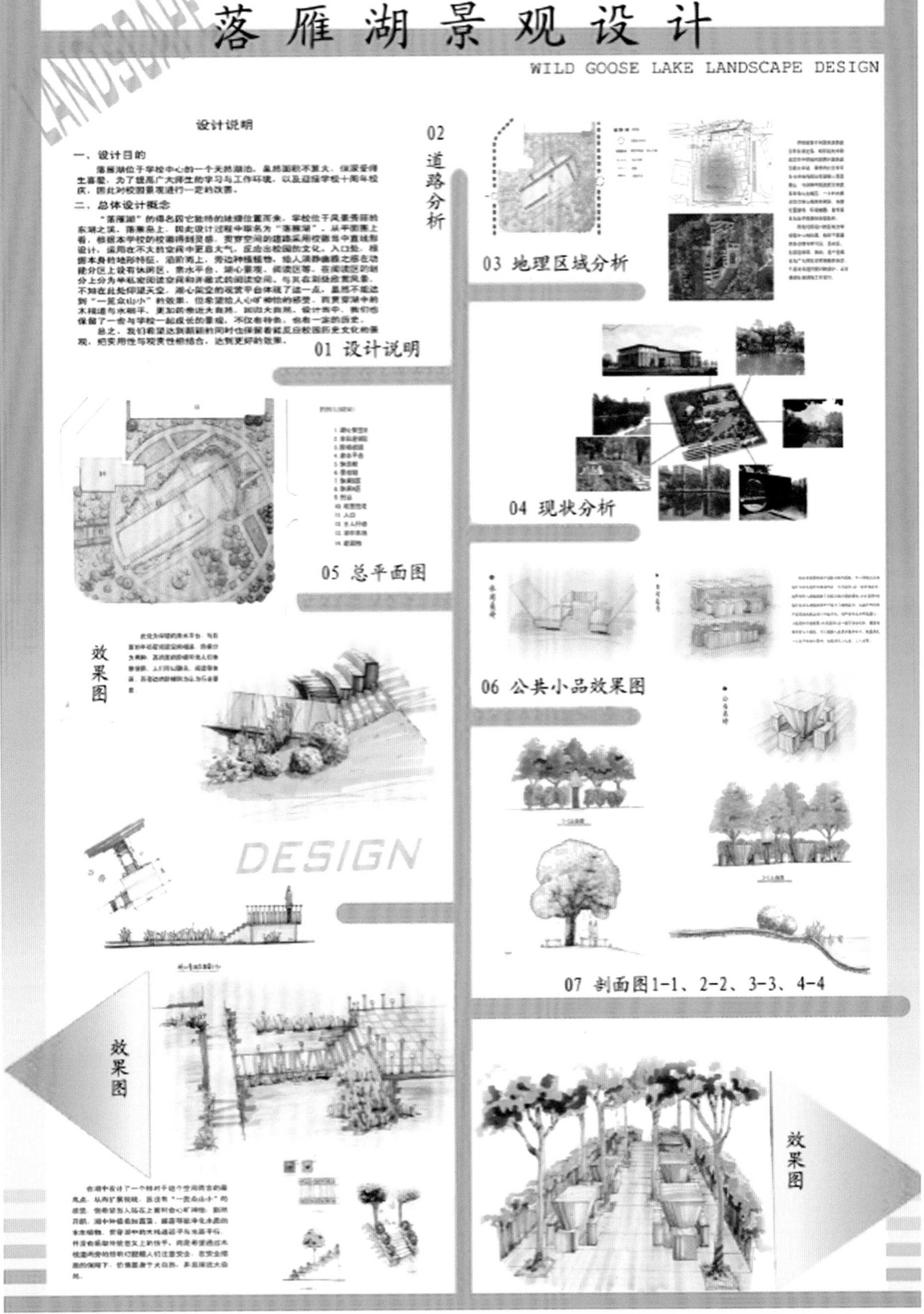

图 5-33 “落雁湖景观设计”排版

方案二：校园景观设计，主要对校园环境的局部进行景观设计。[图 5-34（a）、图 5-34（b）、图 5-34（c）、图 5-34（d）、图 5-34（e）]

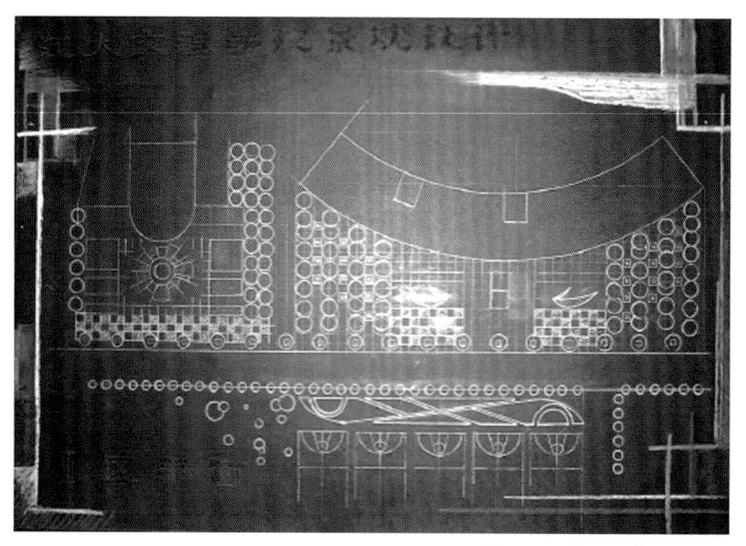

图 5-34 校园环境景观（a）

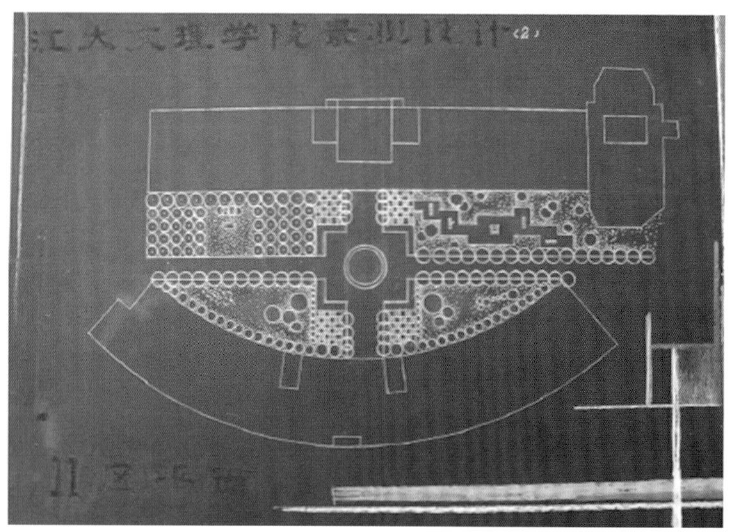

图 5-34 校园环境景观（b）

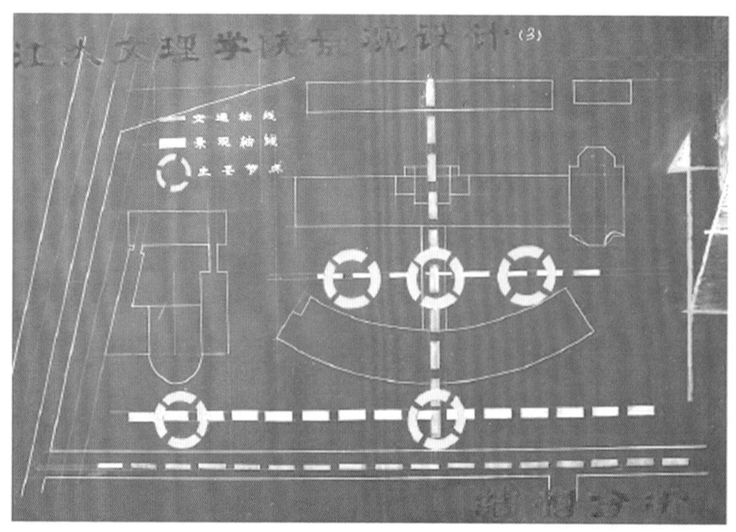

图 5-34 校园环境景观（c）

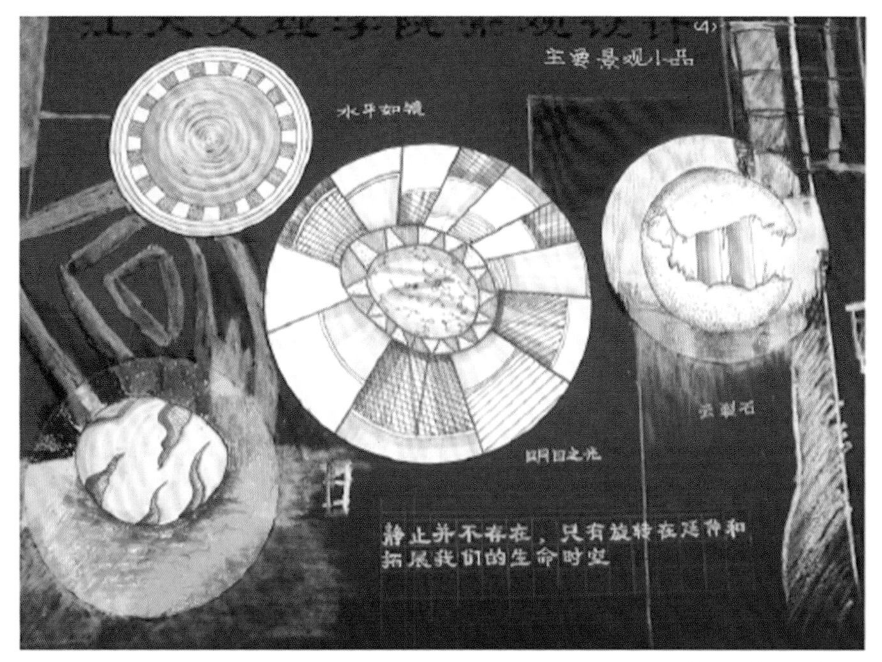

图 5-34 校园环境景观（d）

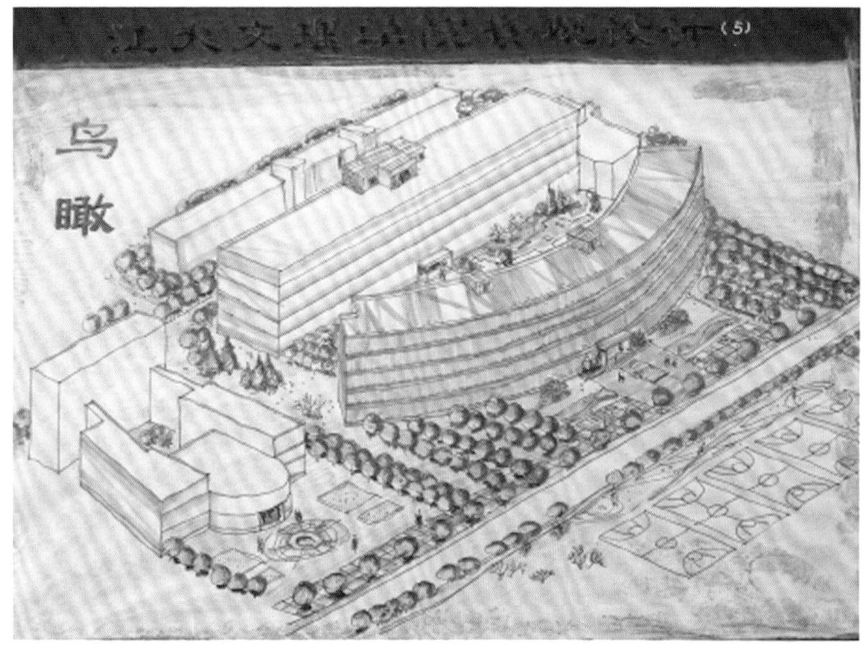

图 5-34 校园环境景观（e）

二、中、高级景观设计从业资格考试

中、高级景观设计从业资格考试除了要了解景观设计的基本构成元素外，还要强调主题、概念的创新性和表达的完整性。

方案一：“栖息园”景观设计，主要对游憩的休闲场所进行景观设计。[图 5-35、图 5-36（a）、图 5-36（b）、图 5-37（a）、图 5-37（b）、图 5-37（c）、图 5-38（a）、图 5-38（b）、图 5-38（c）、图 5-38（d）、图 5-38（e）、图 5-38（f）、图 5-38（g）、图 5-38（h）、图 5-38（i）]

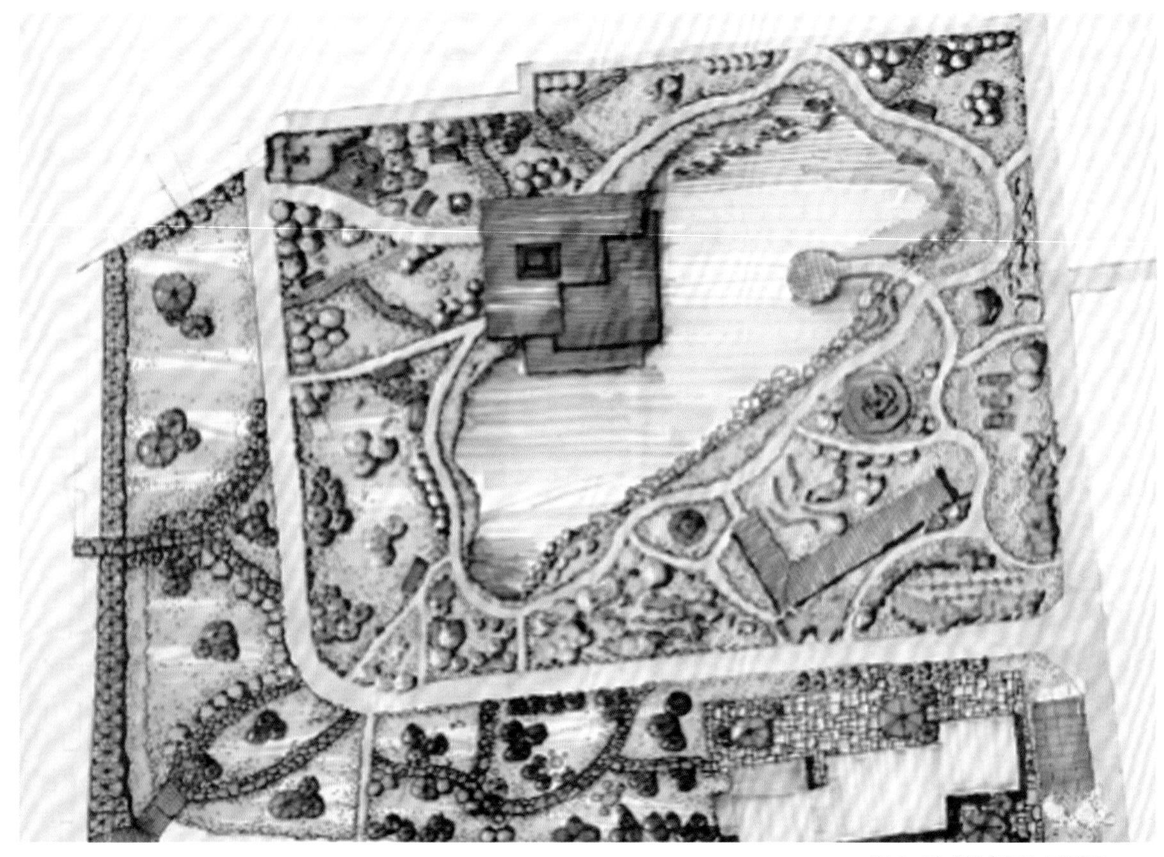

图 5-35“栖息园”平面图

图 5-36 “栖息园” 立面图（a）

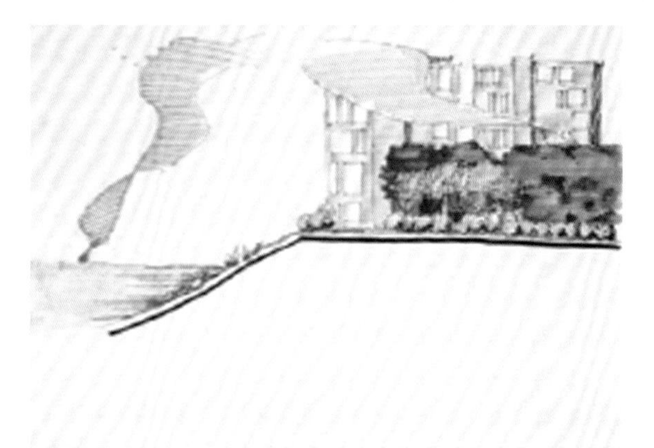

图 5-36“栖息园” 立面图（b）

图 5-37 “栖息园”大样图（a）

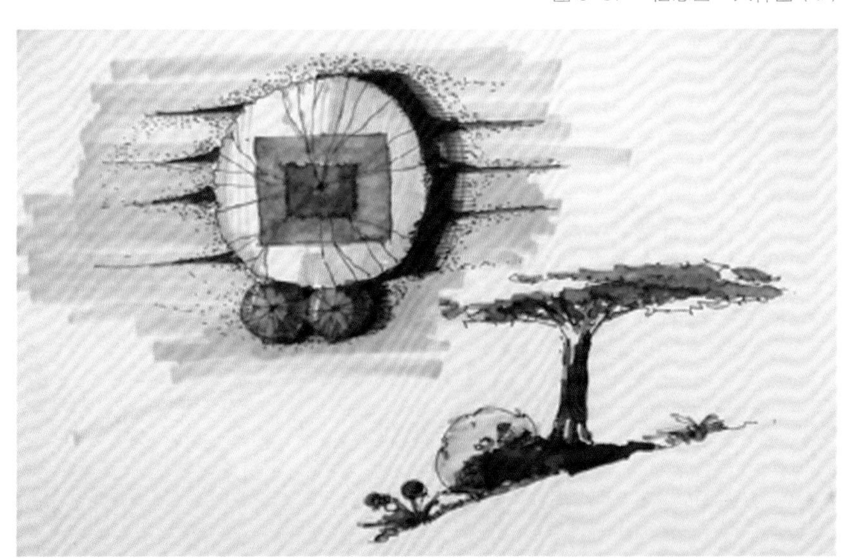

图 5-37 “栖息园”大样图（b）

图 5-37 “栖息园”大样图（c）

图 5-38 “栖息园”透视效果图（a）

图 5-38 “栖息园”透视效果图（b）

图 5-38 “栖息园”透视效果图（c）

图 5-38 “栖息园”透视效果图（d）

图 5-38 “栖息园”透视效果图（e）

图 5-38 “栖息园”透视效果图（f）

图 5-38 “栖息园”透视效果图（g）

图 5-38 “栖息园”透视效果图（h）

图 5-38 “栖息园”透视效果图（i）

方案二：“大洪山生态园”景观设计，主要对旅游景点的游憩场所进行景观设计。[图 5-39、5-40、图 5-41（a）、图 5-41（b）、图 5-41（c）、图 5-41（d）、图 5-41（e）、图 5-41（f）]

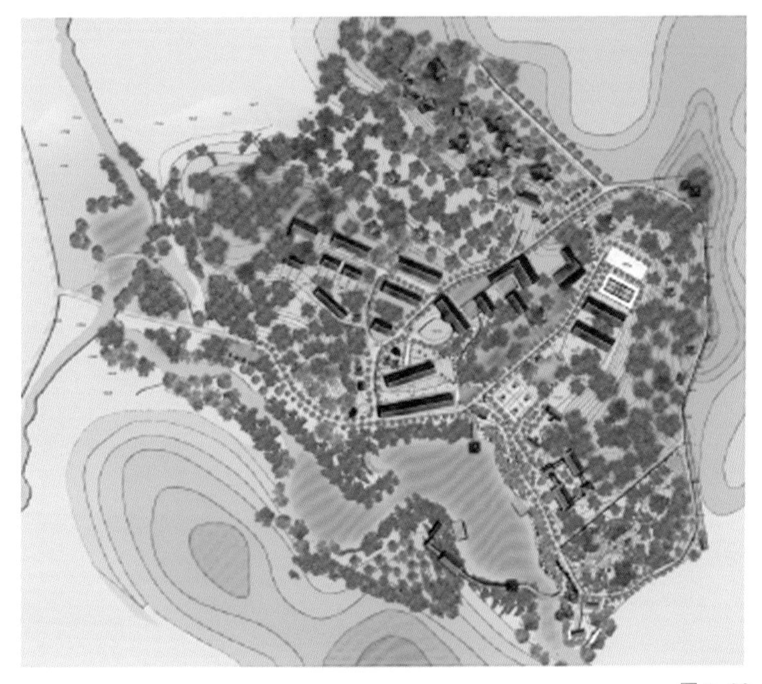

图 5-39 “大洪山生态园”平面图

图 5-40 “大洪山生态园”大门

图 5-41“大洪山生态园”透视图（a）

图 5-41 “大洪山生态园”透视图（b）

图 5-41 “大洪山生态园”透视图（c）

图 5-41 “大洪山生态园”透视图（d）

图 5-41 “大洪山生态园”透视图（e）

图 5-41 “大洪山生态园”透视图（f）

方案三："第四空间"景观设计，主要对校园空间环境进行景观设计。[图 5-42（a）、图 5-42（b）、图 5-42（c）、图 5-42（d）、图 5-42（e）、图 5-42（f）、图 5-42（g）、图 5-42（h）、图 5-42（i）、图 5-42（j）、图 5-42（k）、图 5-42（l）、图 5-42（m）、图 5-42（n）、图 5-42（o）]

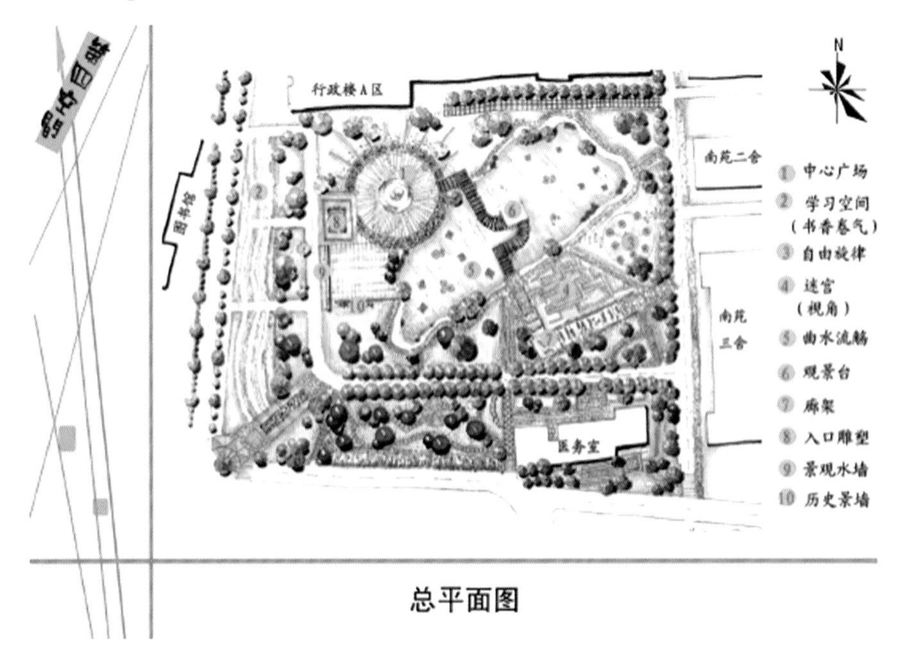

图 5-42 "第四空间"景观设计（a）

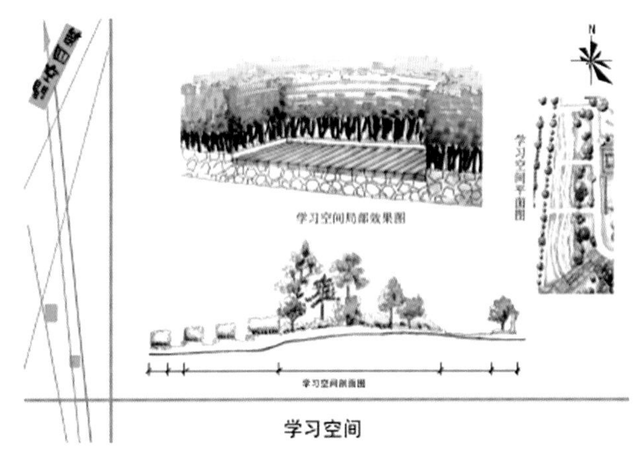

图 5-42 "第四空间"景观设计（b）

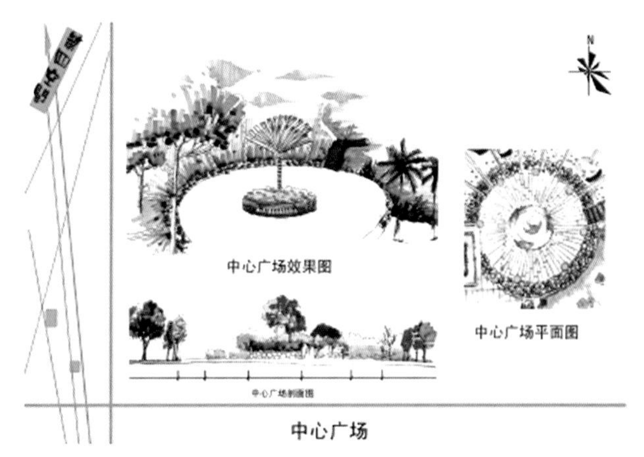

图 5-42 "第四空间"景观设计（c）

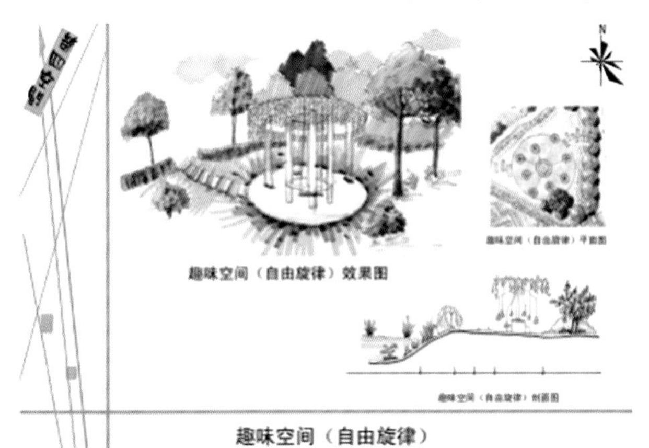

图 5-42 "第四空间"景观设计（d）

图 5-42 "第四空间"景观设计（e）

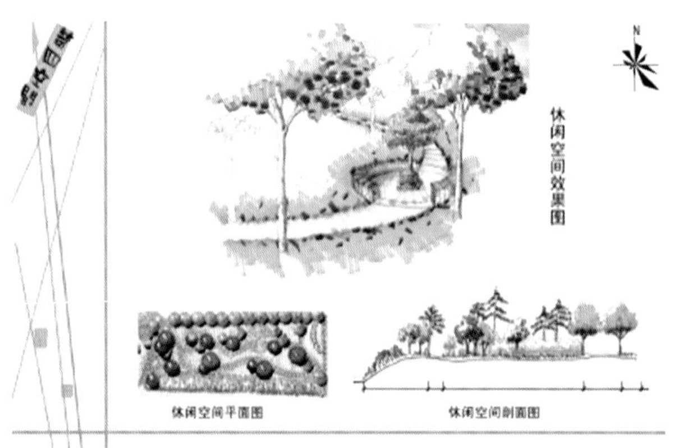

图 5-42 “第四空间”景观设计（f）

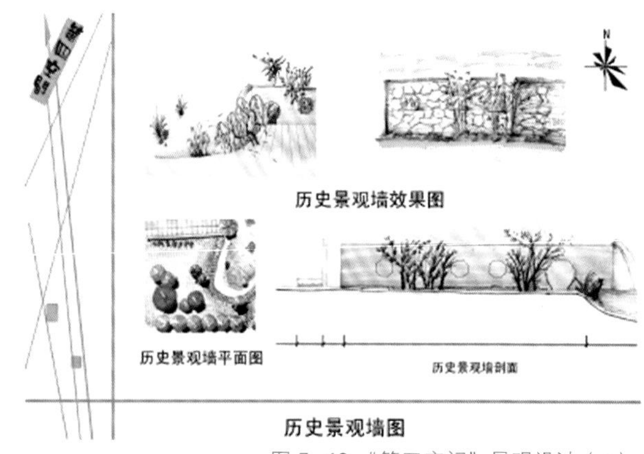

图 5-42 “第四空间”景观设计（g）

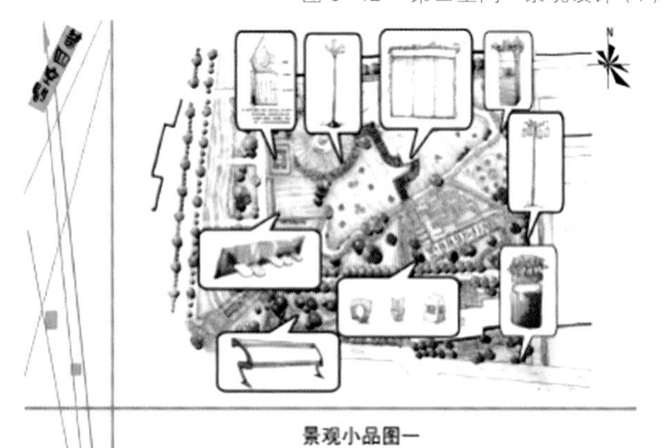

图 5-42 “第四空间”景观设计（h）

图 5-42 “第四空间”景观设计（i）

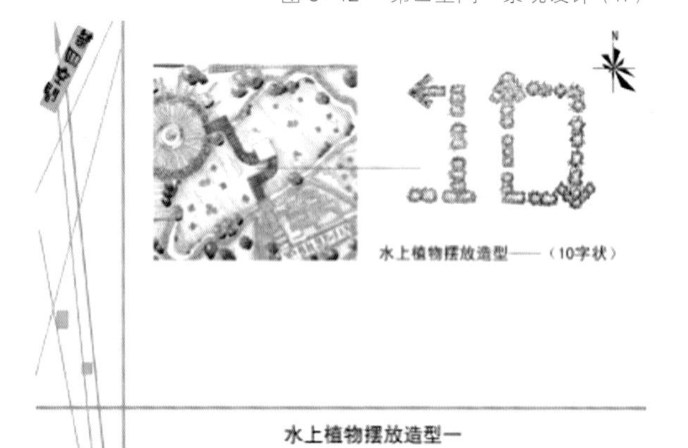

图 5-42 “第四空间”景观设计（j）

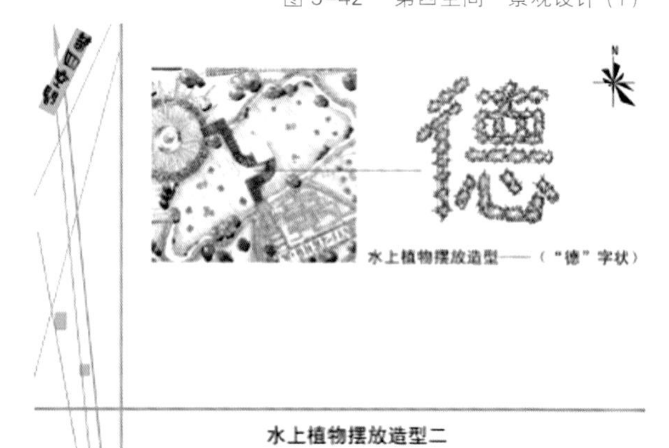

图 5-42 “第四空间”景观设计（k）

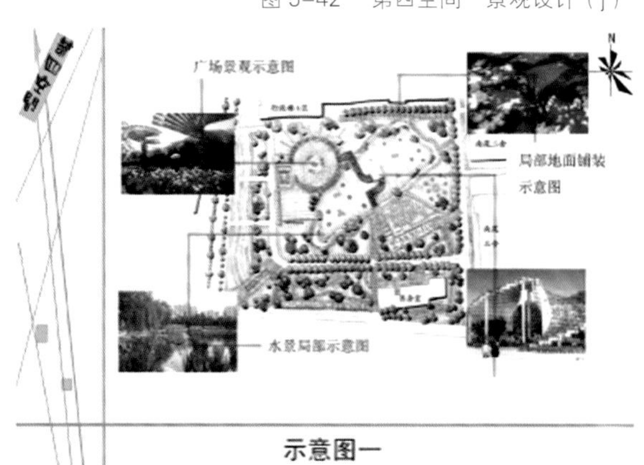

图 5-42 “第四空间”景观设计（l）

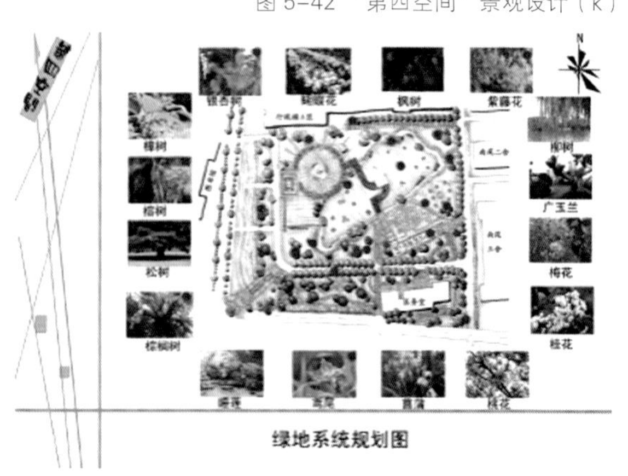

图 5-42 “第四空间”景观设计（m）

第四空间

DESIGN

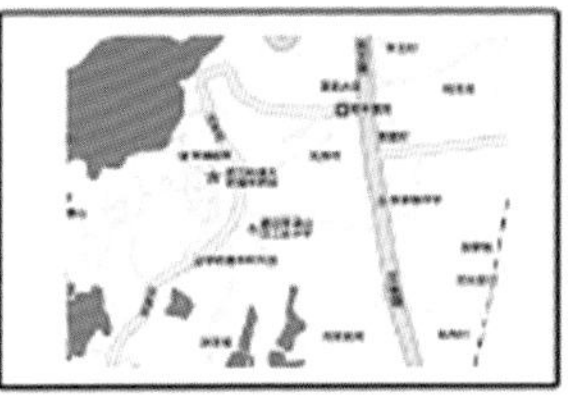

区位分析图

学校整体方位图

总平面图

学校现状分析图

设计说明：本设计的主题是第四空间。思维空间是一个时空的关系，根据爱因斯坦的概念，我们的宇宙是由时间和空间构成的。我们巧妙地划分出了静态空间与动态空间。其中有学习、休闲、交流、趣味这四个空间。本设计的亮点是浮动着的水生植物，给人以流动感，代表着无限活力，鞭策着我们不断进步。再则是学习空间图书馆的对面设计出台阶式的读书之所。其让朗朗的读书声、花香味弥漫在整个校园，让我们陶醉其中！

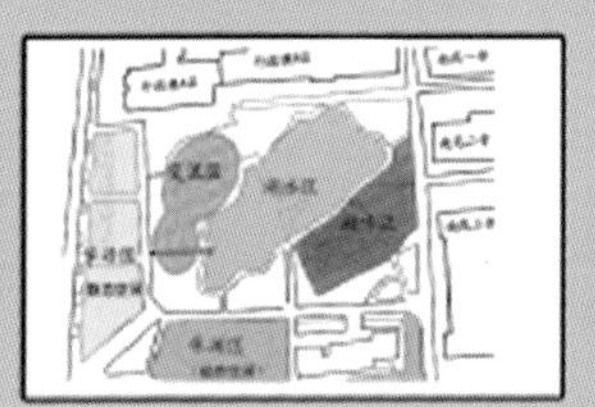

功能分析图

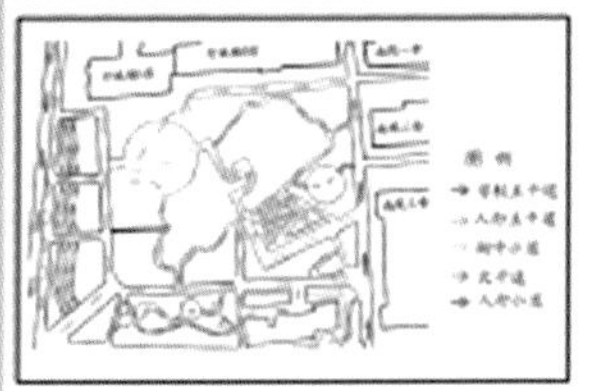

道路分析图

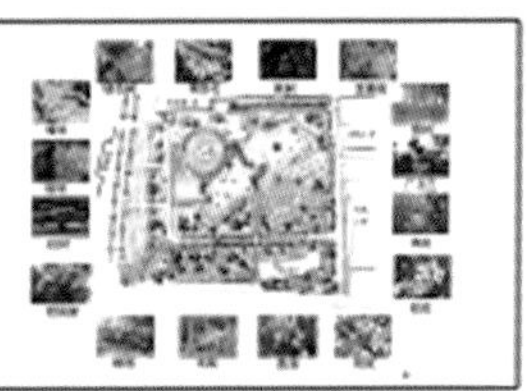

绿地系统分析图

学习空间

学习空间平面图

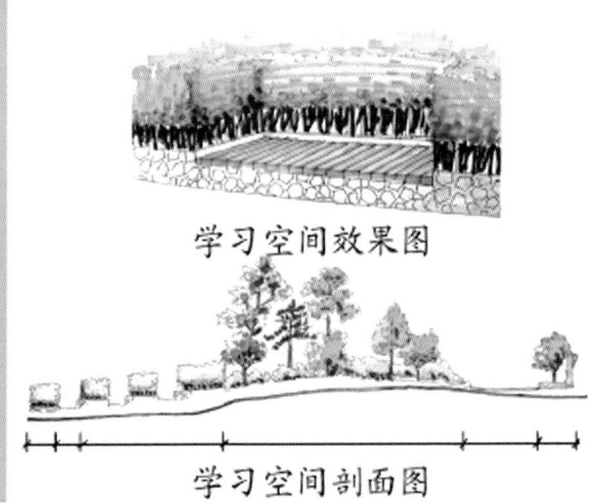

学习空间效果图

学习空间剖面图

图 5-42 “第四空间”景观设计（n）

图 5-42 “第四空间”景观设计（o）

方案四：“汉口江滩 3 期 B”景观设计，主要对江景的环境景观进行设计。[图 5-43、图 5-44、图 5-45、图 5-46（a）、图 5-46（b）]

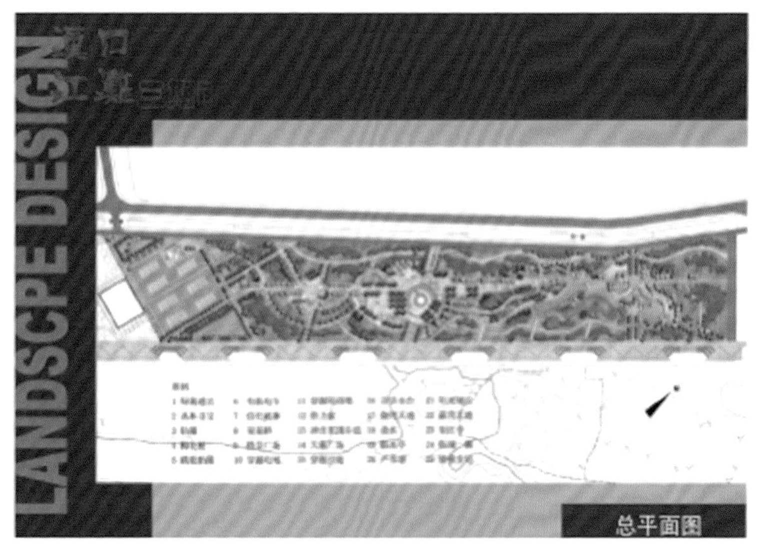

图 5–43 “汉口江滩 3 期 B”总平面图

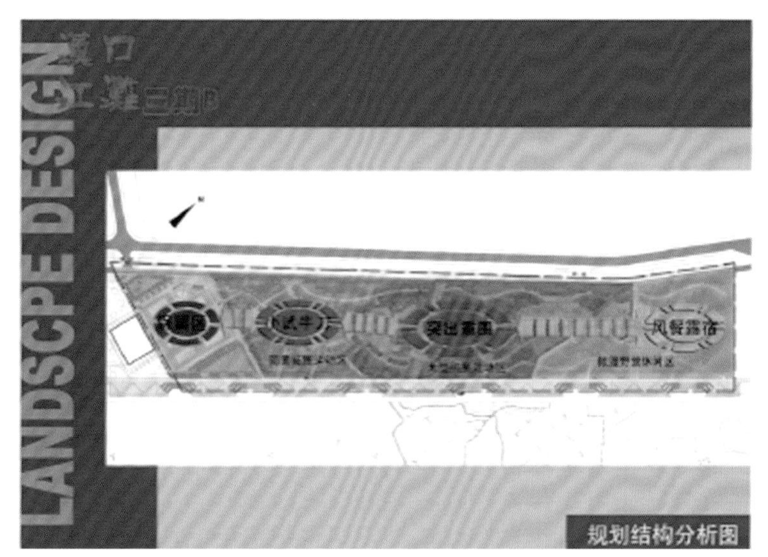

图 5–44 “汉口江滩 3 期 B”规划结构图

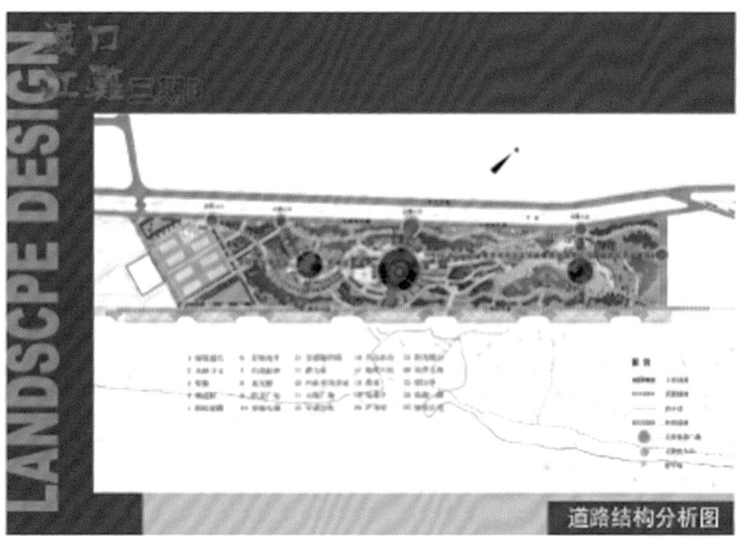

图 5–45 “汉口江滩 3 期 B”道路结构分析图

图 5-46 “汉口江滩 3 期 B” 节点图（a）

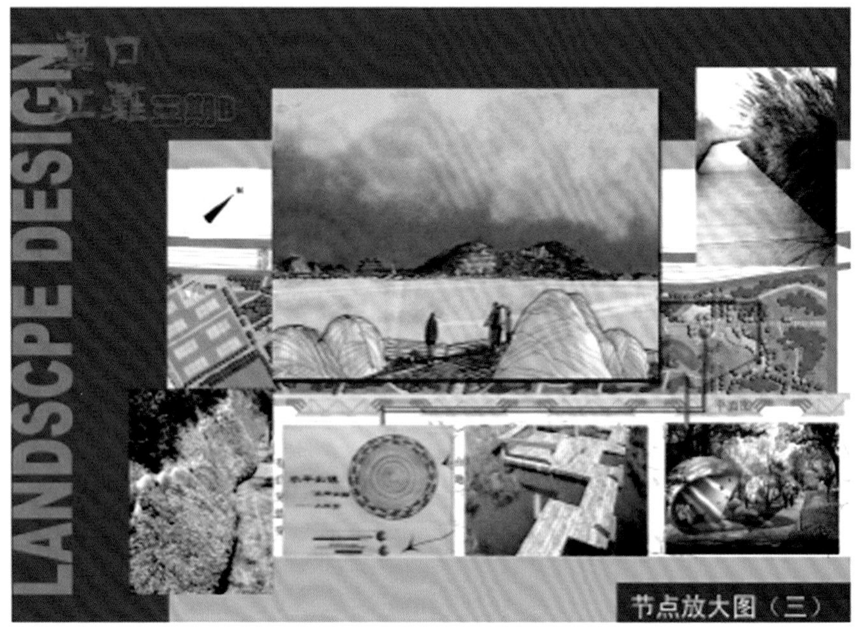

图 5-46 “汉口江滩 3 期 B” 节点图（b）

本章小结：

本章主要讲解了环境景观设计中所涉及的不同形式的环境景观设计类型及其设计方案。

思考与练习：

1. 设计某小场景景观环境，主题自定。
2. 进行主题公园设计（如废旧的砖瓦厂或者废旧的窑厂改造主题公园），主题及形式自定。
3. 设计水景环境景观，主题自定。

第六章　新思潮景观设计

第六章课件

本章知识点：

◎ 景观都市主义概念及案例应用。
◎ 低碳景观概念及案例应用。
◎ 后现代景观设计概念及案例应用。

学习目标：

学习是个循序渐进的过程，本章详细讲解景观都市主义设计、低碳景观设计、后现代景观设计等新思潮设计手法，使学生了解各类前沿的景观设计理念。针对不同地域、不同文化的设计，运用相贴切的设计思路。

第一节　景观都市主义设计

景观都市主义是将整个城市理解成一个完整的生态体系，通过景观基础设施的建设来完善城市的生态系统，同时将城市基础设施的功能与其社会文化需要结合起来，使当今城市得以建造和延展。该理论强调景观是决定城市形态和城市体验的最基本要素。

一、景观都市主义概念

"景观都市主义"最早是由查尔斯·瓦尔德海姆（Charles Waldheim）教授提出，他在"参考宣言"（A Reference Manifesto）一文中提出："景观都市主义描述了当代城市化进程中一种对现有秩序重新整合的途径，在此过程中景观取代建筑成为城市建设的最基本要素。在很多时候，景观已变成了当代城市尤其是北美城市复兴的透视窗口和城市重建的重要媒介。"

景观都市主义的概念是在当时的规划设计理论无法适应时代发展的条件下出现的，是一种全新的思路和语言，之前一直采用建筑基础设施为先的城市发展策略带来了诸多问题，如城市中高楼大厦林立，阴暗角落遍布，高密度的建筑群给城市居民带来了巨大的压力，人们的内心需要这种压力的释放。景观作为一个简单易行甚至相对于建筑较为廉价的方法出现在人们的视野里，并很快付诸实践。大量景观设计作品的出现与实际建成，改变了城市在人们心目中原来灰暗、肮脏、充满暴力的印象，使城市的角落变成了干净、健康和能释放城市居民活力的场所。透过这个视角，人们重新认识到了城市的价值和希望，并进一步将这个理论运用到快速发展的城市开发背景中，在改变城市原先糟糕口碑的同时，引入新的绿色可持续发展产业，增加城市居民的就业机会，促进当地经济的发展，这一点在当前金融危机的大环境下显得尤其重要。

二、景观都市主义内涵

景观都市主义把建筑和基础设施看成景观的一种延续发展，景观不仅仅是绿色植物与园林构筑物。景观都市主义更多的是强调景观，而不是建筑更能决定城市的形态与体验，这一观点是对景观及景观设计学的再次发现，把景观学科从幕后推到幕前，更有趣的是景观都市主义这一理论是一些建筑师与具有建筑背景的设计师所推行的。目前国外对于该理论的研究与应用更多的还是偏向理论方面也有很多成功的实践案例，景观都市主义从诞生之时就带来了学术界激烈的争论，查尔斯·瓦尔德海姆（Charles Waldheim）作为景观都市主义的一词的创造者是建筑师和建筑学背景的景观设计学者，主编的 *Landscape Urbanism Reader* 标志着这一新兴领域有了自己的思潮专辑，该理论的提出是当今景观设计学发展的历程中具有里程碑式的意义。伦敦 AA 建筑学院已经开设了景观都市主义的硕士研究学位；美国宾夕法尼亚大学景观系主任，同时也是 Field Operatlon 设计事务所的主创詹姆斯·科纳（James Comer）也因其所倡导的景观都市主义和景观都市主义相关的设计作品让他成为在国际上享有盛誉的景观设计师。

三、景观都市主义设计案例分析

开创先河的是建筑师屈米在 1982 年纪念法国大革命 200 周年巴黎建设的九大工程之一的巴黎拉维莱特公园。拉维莱特公园也是第一将景观都市主义的思想溶于到实践作品中的一个城市公园的经典案例。形式上是解构主义的同时整个公园中无明显边界，它属于城市，融入城市之中完美的诠释了城市公园开放空间的意义与作用。用不同的层次来展示景观作为城市发展的媒介，不局限于某种形式与功能，更多的是为整个城市的未来制定着一个长远可续的绿色发展计划。

1. 巴黎拉·维莱特公园

（1）项目介绍：

莱特公园是 1987 年屈米借纪念法国大革命 200 周年之际设计的。其建于 1987 年，坐落在法国巴黎市中心东北部，占地 55 公顷，城市运河流经。为巴黎最大的公共绿地，全年 24 小时免费开放。它是法国三个最适于孩子游玩的公园之一，巴黎十大最佳休闲娱乐公园之一。环境美丽而宁静，集花园、喷泉、博物馆、演出、运动、科学研究、教育为一体的大型现代综合公园。拉维莱特公园融入田园风光结合的生态景观设计理念，以独特的甚至被视为离经叛道的设计手法，为市民提供了一个宜赏、宜游、宜动、宜乐的城市自然空间。公园由废旧的工业区、屠宰场改建而成，是城市改造的成功典范。

（2）目标定位：

拉维莱特公园在建造之初，它的目标就定位为：一个属于 21 世纪的、充满魅力的、独特并且有深刻思想意义的公园。它既要满足人们身体上和精神上的需要，同时又是体育运动、娱乐、自然生态、科学文化与艺术等诸多方面相结合的开放性的绿地，并且，公园还要成为各地游人的交流场所。由于公园的现状并非是一块空地，而是由三个已建或正在建设的大型建筑和呈十字型交叉的河流组成，这给公园的设计工作带来了很大的限制性。如何将同样是公园重要功能的建筑融合到整个公园的氛围中，如何充分地利用公园中现有的优美的自然景观资源——河流景观，如何打破现有的十字格局使构图更有活力？这些都成为设计师们在设计时首要思考的问题。

屈米突破了传统城市园林和城市绿地观念的局限，创造一种公园与城市完全融合的结构，改变园林和城市分离的传统，把它们当作一个综合体来考虑。他将拉维莱特公园设计成了无中心无边界的开放性公园，没有围栏也没有树篱的遮挡，整个公园完全地融合到了周边的城市景观中，成为城市的一部分。（图 6-1）

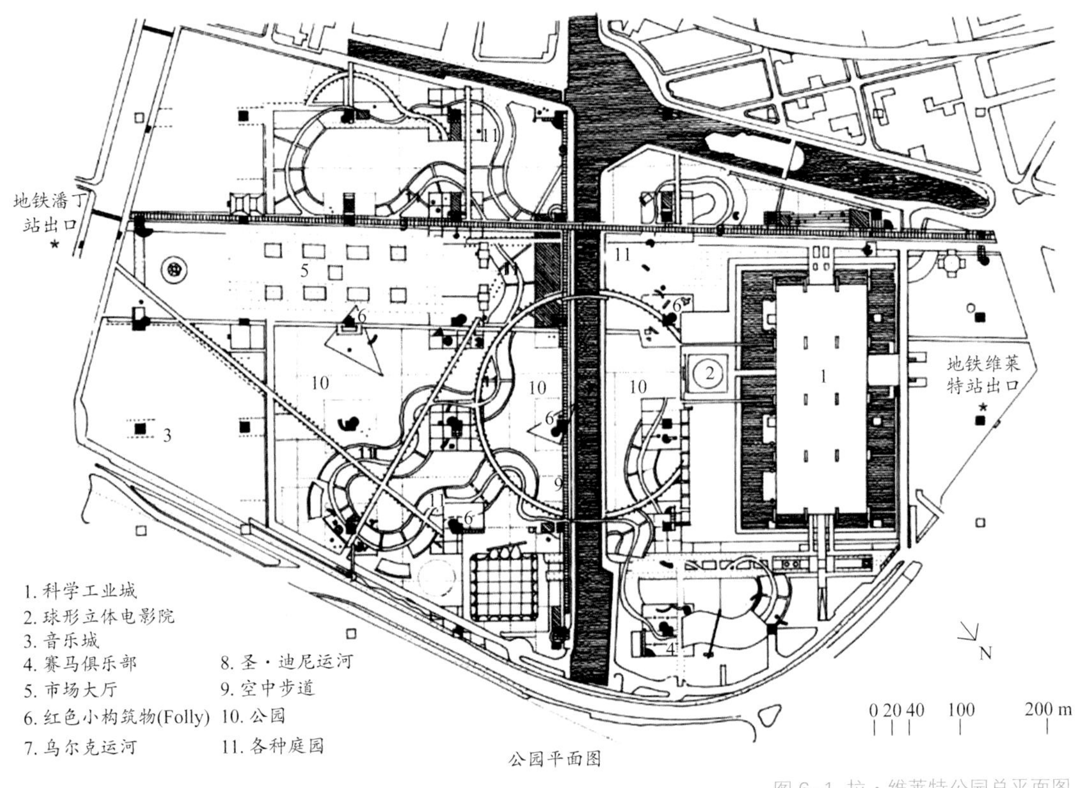

图 6-1 拉・维莱特公园总平面图

（3）设计要点：

拉·维莱特公园被屈米用点、线、面（图 6-2）三种要素叠加，相互之间毫无联系，各自可以单独成一系统。

三个体系中的线性体系 [图 6-3（a）、图 6-3（b）] 构成了全园的交通骨架，它由两条长廊、几条笔直的种有悬铃木的林荫道、中央跨越乌尔克运河的环形园路和一条被称为“电影式散步道”的流线型园路组成。东西向及南北向的两条长廊将公园的主入口和园内的大型建筑物联系起来，同时强调了运河景观。长廊波浪型的顶篷使空间富有动感，打破了轴线的僵硬感。长达 2 km 的流线型园路蜿蜒于园中，成为联系主题花园的链条。园路的边缘还设有坐凳、照明等设施小品，两侧伴有 10 ~ 30 m 宽度不等的种植带，以规整式的乔、灌木种植起到联系并统一全园的作用。

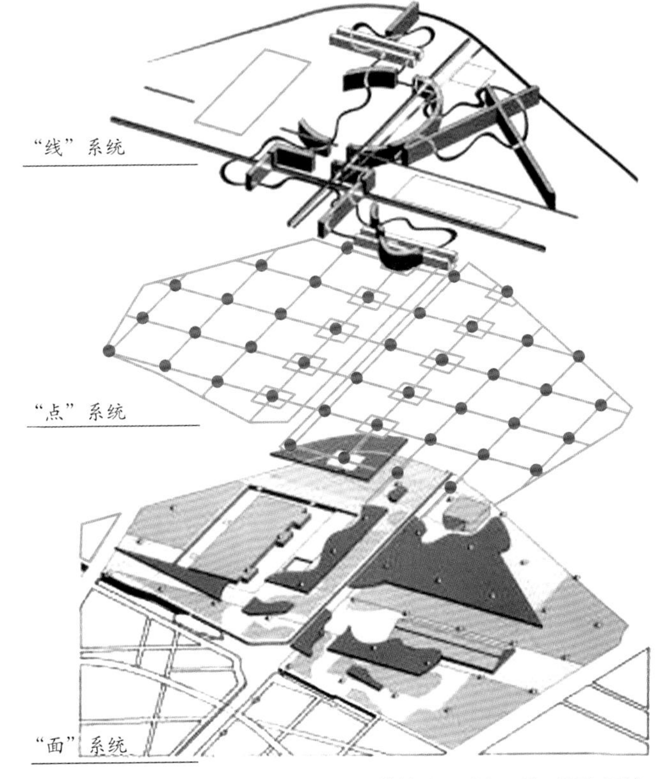

图 6-2 拉 · 维莱特公园“点—线—面”网络

图 6-3 线体系（a）

图 6-3 线体系（b）

在线性体系之上重叠着“面”和“点”的体系。点的体系由呈方格网布置的、间距为120 m的一组“疯狂物”（Folies）构成。它们都是以红色金属为材料，分布在整个公园中，是3个大型公建的建筑空间在园林中的一种延续和拓展。这些“疯狂物”成功的将科技工业城[图6-4（a）、图6-4（b）]、音乐厅[图6-5（a）、图6-5（b）]和多功能大厅[图6-6（a）、图6-6（b）]融合在公园的系统之中，形成了建筑与园林相互穿插的公园形式。

图 6-4 大型公建——科学工业城（a）

图 6-4 大型公建——科学工业城（b）

图 6-5 大型公建——音乐厅（a）

图 6-5 大型公建——音乐厅（b）

图 6-6 大型公建——多功能大厅（a）

图 6-6 大型公建——多功能大厅（b）

这些“疯狂物”还给全园带来了明确的节奏感和韵律感，并与草地及周围的建筑物形成十分鲜明的对比。每个“Folie”基本上都是在以边长为 10 米的立方体构成的空间体积中进行变异（图 6-7），整体上它们感觉似乎一模一样，实际上它们各自有不同的形状，功能也不一。这些“疯狂物”在公园中分布（图 6-8），有些与公园的服务设施相结合因而具有了实用的功能；有的处理成供游人登高望远的观景台；有的恰好与其他建筑物落在一起的，起到了强调其立面或入口的作用；还有些没有明确其功能，这些“Folies”[图 6-9（a）、图 6-9（b）、图 6-9（c）、图 6-9（d）、图 6-9（e）、图 6-9（f）] 往往因为人们的不同需要而提供不同的功能，也因游人在其中发生的不同的行为而产生了不同功能的意义，在没有人使用的情况下它们还有着雕塑性的作用。

图 6-7 拉 · 维莱特公园节点分析

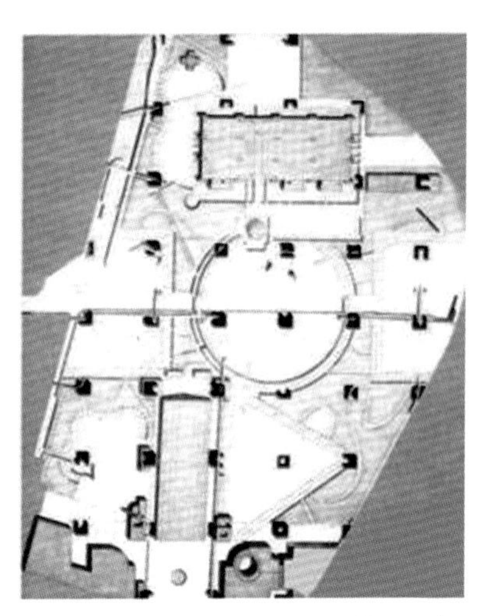

图 6-8 拉 · 维莱特公园节点分布图

图 6-9 “点”体系——疯狂物（a）

图 6-9 “点”体系——疯狂物（b）

图 6-9 “点”体系——疯狂物（c）

图 6-9 “点”体系——疯狂物（d）

图 6-9 “点”体系——疯狂物（e）

图 6-9 “点”体系——疯狂物（f）

面的体系由 10 个象征电影片段的主题花园和几块形状不规则的、耐践踏的草坪 [图 6.10（a）、图 6.10（b）] 组成，以满足游人自由活动的需要。10 个主题花园风格各异，各自独立，毫不重复，彼此之间有很大的差异感和断裂感，充分地体现了拉维莱特公园的多样性。这 10 个主题花园包括镜园、恐怖童话园、风园、竹园、沙丘园、空中杂技园、龙园、藤架园、水园、少年园。其中沙丘园、空中杂技园和龙园是专门为孩子们设计的。

图 6-10 “面”体系——大草坪（a）

图 6-10 “面”体系——大草坪（b）

2. 美国达拉斯城市公园景观设计

（1）项目介绍：

纽达拉斯城市公园（Klyde Warren Park）坐落在美国的达拉斯，由 The Office of James Burnett 设计完成。公园的占地面积并不大，仅横跨了两个城市街区，但却是达拉斯居民和游客享受聚会所在城市核心区域。虽然这个城市公园的面积仅为 5.2 英亩，但这已经足够形成视觉冲击力，并鼓励城市从车行文化过渡到步行文化。该公园里包括表演舞台、餐厅、宠物公园、儿童公园、大草坪、喷水景观、本地花园等。

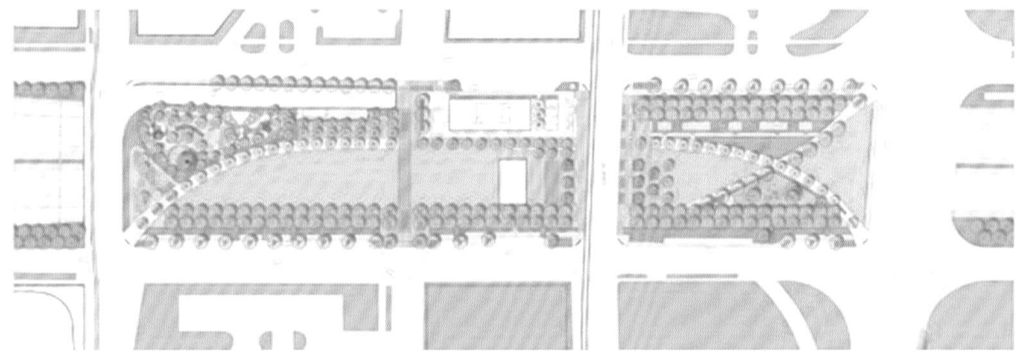

图 6–11 美国达拉斯城市公园

建筑师 James Burnett 的景观设计令人印象深刻，其设计充分利用了有限的空间，并将多种娱乐休闲设施容纳在这个活力动感的公园中。[图 6–12（a）、图 6–12（b）、图 6–12（c）、图 6–12（d）]

图 6–12 达拉斯城市公园实景图（a）

图 6–12 达拉斯城市公园实景图（b）

图 6–12 达拉斯城市公园实景图（c）

图 6–12 达拉斯城市公园实景图（d）

（2）设计方法：

在哈格里夫斯联合设计公司的设计理念注重一种文化和环境之间、土地和人的联系。位于美国得克萨斯州休斯顿，绿色探索公园项目就很好地诠释了公司的这个设计理念。这是对美国城市中心的一次复兴，城市居民的不断增长为城市公园的多样性提出了更高的要求。此公园的设计拥抱这一趋势，以一种创新的方式将不同的层次叠加在一起，从而形成一个充满生机的空间。这个占地 12 公顷的公园转变了城市中心区的理念，同时为附近城市的发展和复兴提供可能。

（3）景观空间解析：

公园主要围绕两个并列的动态交叉轴。克劳福德长廊：作为园区的中心活动区域，是公园主体空间的脊柱和骨架。这种线性广场，由墨西哥大梧桐树的阴影和标志性的铺面以及特色照明诠释，支持农贸市场，艺术博览会和游行，而连接公园的中心活动，以大型体育场馆的北部和南部。在一个茂密的花园环境中设置历史橡树，简单的东西线性空间的组织，为公园带来凉凉夏风，并突显市中心高楼林立的景致。[图 6-13（a）、图 6-13（b）]

图 6-13 达拉斯城市公园实景图（a）

图 6-13 达拉斯城市公园实景图（b）

第二节 低碳景观设计

一、低碳景观概念

1. 理念背景

低碳景观理念孕育于当代可持发展思想，并随着环境恶化、资源匮乏、能源短缺以及温室气体排放过量所导致的气候变化等问题的突显而日益为世人所关注，它与“低碳经济”“低碳技术”“低碳社会”“低碳城市”“低碳世界”等同属于低碳时代的新概念和新政策。

在中国，低碳理念也已成为社会经济发展的热点。2009 年的哥本哈根气候大会上，我国明确承诺到 2020 年中国单位国内生产总值（GDP）二氧化碳的排放量将在 2005 年的基础上下降 40%~45%，并实行目标分解到市的管理政策。控制碳排放已成为我国各级政府的重要任务。

据估算，城市 30% 的碳排放量来自汽车排放，60% 来自于包括景观园林在内的建筑行业。

推进低碳景观设计理念，对压缩碳排放具有实际意义。

2. 低碳景观概念

低碳景观（Low Carbon Landscape）是指在景观规划设计、景观材料与设备生产、施工建造和景观维护使用的整个生命周期内，减少石化能源的消耗，提高能效，降低二氧化碳的排放量。

3. 设计理念

一是集约城市建设，多重利用土地。提倡紧凑型城市、开发竖向空间和地下空间、修复更新城市废弃地。二是发展绿色基础设施，建设生态城市。保持景观连续性，建立绿色通道；建设节水城市，合理利用水资源；建设城市森林，打造城市绿肺；保护或重建湿地，经营地球这肾；绿化屋顶空间，增加绿化面积。三是应用低碳型新技术、新能源与新材料。充分应用新技术，推进太阳能、风能、生物能等绿色能源利用和LED等节能光源应用；促进新型低碳建筑材料和绿色材料应用。四是寓教于娱，发挥景观的低碳教育功能。在景观设计中，充分融入环境教育、启示元素，建立低碳景观展示场所，引导公众了解、参与和实行低碳生活。

二、低碳景观设计原则及方法

1. 设计原则

（1）生态性原则。

景观建设、生态先行，这是近几年普遍被大家认可的原则。景观建设最根本的任务是营造舒适的生态的人居环境，这也是景观这个行业存在的价值。只有遵循生态性原则，才能营造出适合的，能体现以人为本的，实用性与文化性兼具的景观。而不是一味追求面子工程，堆大山挖大湖，大面积硬质铺装的昂贵奢华的景观。

（2）人本主义的原则。

“以人为本”这条原则是所有景观工作者应遵循的基本原则，在景观设计中经常提到，但真正理解并做到的人不多。这要求景观工作者能真正地从景观使用者的角度去思考，以人对景观的感受，对尺度的要求出发。要考虑这个景观项目的性质、用途，它所面对的受众群体的档次、年龄段等。项目的实地考察阶段就要分析具体情况。例如项目如果是个居住区，那么就要考察居民的层次、年龄段，为成年人准备运动健身场地，老年人的活动中心和儿童专属的游乐场。如果兴建这些场地，要建多大的尺度的，是供多少人使用的，使用频率、使用时间，这些都要提前做足准备。只有前期准备充分，才能有的放矢，减少不必要的浪费。

（3）因地制宜的原则。

每个地区都有特有的自然及人文环境、地域特色、风俗习惯及地理特点，景观设计应该在对立地环境进行充分的分析，准确的定量测量的基础上，结合以上的因素，顺应立地的地势地貌进行规划设计。确定景观系统中每个部分承担的功能。根据绿地功能的不同对立地进行或增或减的改造。但应尽量保护原地貌，避免增加不必要的工程量，也破坏了立地环境的独特性。好的景观设计应该是在充分尊重立地条件的情况下，多运用当地的植被及材料，结合其民俗风情，向人们展示地域风采。只有这样，才能令景观的使用者产生亲切感和认同感。

（4）尊重自然的原则。

景观工作者要积极地探索自然的规律并利用自然规律帮助我们进行景观的建设，往往能达到事半功倍的效果，这也是低碳景观思想的体现。例如：设计师进行植物景观设计时，要模仿自然植物群落的结构，这样能做到植物群落结构和密度的合理化，使其能够快速的生长，发挥固碳的作用；我们在进行水景观设计时，特别是自然式水体景观的设计，也要模仿自然界河流的形态，不盲目地改造立地中原有的河流形态，要本着保护性改造的原则，驳岸也尽量采用较生态的建材。水体的设计要随着地形的起伏，或形成瀑布或形成跌水，节约了电能。运用水生植物净化水体，节省了维护费用。在工程手段上，也有减少修复性建设的方法，例如修建园林景观水闸，水闸的位置使查孔位于水流的中间就能使其顺利通过，避免了水流的冲机带来的损害。自然生态系统具有强大的自我修复功能，只要我们不过度地掠夺，野蛮地破坏，它就能逐渐适应并与人工景观融合在一起。综上所述，园林景观的建设不仅仅要依靠现代的先进科学技术手段，更要依靠自然本身，使其发挥自然的规律来辅助景观的建设。

（5）功能性、经济性的原则。

景观设计应把能满足用户的使用功能的原则放在首位。现在人们的生活品质与过去相比有了大幅度的提高，对景观的需求也渐渐变得多样化起来，不仅仅局限于休闲功能，还包括交流聚会、运动健身、科普教育、改善小气候等多种需求。这就要求景观设计师根据不同项目的具体情况，利用现代科技、工程学、历史学、美学等辅助学科进行景观设计，使其具备休闲、游憩、运动、科教、交流等多种功能，使景观能够真正的面向受众，令人们感受多姿多彩的生活。

低碳景观的理念中包含有节约的含义，即景观建设中要求贯彻经济性原则。过去的几年中我国的景观建设在审美观念上倾向于大面积的、严整的景观形式，追求快速见到效果，导致硬质景观部分过多，大树移栽难以成活这些问题，浪费资金的同时也不利于城市的自然生态环境的发展，生态系统被破坏后难以恢复，更是造成了难以挽回的损失，也浪费了大量的资源能源。如此往复，造成了恶性循环。面对这么严峻的形式，我们不得不重新思考，是否要转变一下我们的审美观念，是否改变我们的景观建设方式。这就要求我们用经济性原则指导景观的建设。

2. 设计方法

（1）雨水储蓄利用。

水资源是目前世界上十分紧缺的资源之一，我国虽然储备比较丰富，但是淡水资源供应紧缺。景观设计师是一个仿自然的生态建筑工艺，优秀的景观设计作品离不开水资源的调控。为了节约水资源，同时又保证园林建设的质量，需要提高对雨水的利用，在雨季对雨水进行定量的储存，在适当的时期加以多样性的利用。

（2）绿色景观构筑物。

景观构筑物可以通过形式的巧妙构思达到增汇的目的。景观建筑采用半下、地下或底层架空的设计，以及墙面、屋顶立体绿化，增加绿化面积或绿地面积，同时提供多种建设设计风格，为人们提供不同的观景视角，形成独特的园林风格。地下与半地下园林建筑也使建筑在冬夏季的能源消耗减少，达到减排效果。

（3）污水净化循环。

城市生活和生产污水是市政工作的一个重点，传统的污水排放处理工作，污染了周边的水源和生态环境。低碳景观设计，倡导对污水实行净化的二次利用。将城市污水排入湿地系统，配合植物根系以减缓水流速度，利用多层异质土壤对悬浮物进行拦截沉降，促使杂志的沉淀和排除，并在湿地中种植具有净化功能的植物，如芦苇、千屈菜、小香蒲、花叶芦竹等，以有效地吸收过滤水中的有毒有害物质。

（4）选择建造材料。

建筑垃圾是城市固体污染的一种主要形式，传统的景观设计主要利用混凝土等施工材料，这些材料的生产是能源的浪费，同时建设剩余材料的处理也给市政工作增加了压力。低碳景观设计工艺，倡导使用身边周围可利用的循环性和再生性建筑材料。就近取材能够降低建设投资成本，再生资源的利用又能够缓解能源压力。景观设计中常见的低碳型材料主要包括木竹和竹藤等。

三、低碳景观设计案例分析——南京聚福园

1. 项目介绍

南京聚福园住宅小区位于南京城西秦淮河以西、长江之畔，西距长江 0.5 km。东靠江东北路，南临湘江路，北临闽江路。区位地势平坦、风光秀丽、交通便捷。小区占地 12 hm^2，总建筑面积 185 000 m^2。小区建设通过技术整合、设计研究，在完成建设部两个示范中确定了智能便捷、节能生态、绿色环保的总体建设目标。

2. 绿色建筑

朝向、日照方面：该地区位于长江中下游平原、长江之畔，地势平坦。夏季主导风为东南风，冬季为东北风，在设计中叶考虑了地势条件和自然季节风向。住宅全部为南北朝向，与市政道路平行。楼栋长轴与夏季东南风成 30° ~ 45° 夹角，形成楼栋通风道。南部楼栋以三单元、两单元拼接建和消防间距，留出 8 ~ 20 m 的间距，以利于夏季风的贯入，而北部的板式高层则有效地阻挡了冬季寒风侵入。（图 6-14）

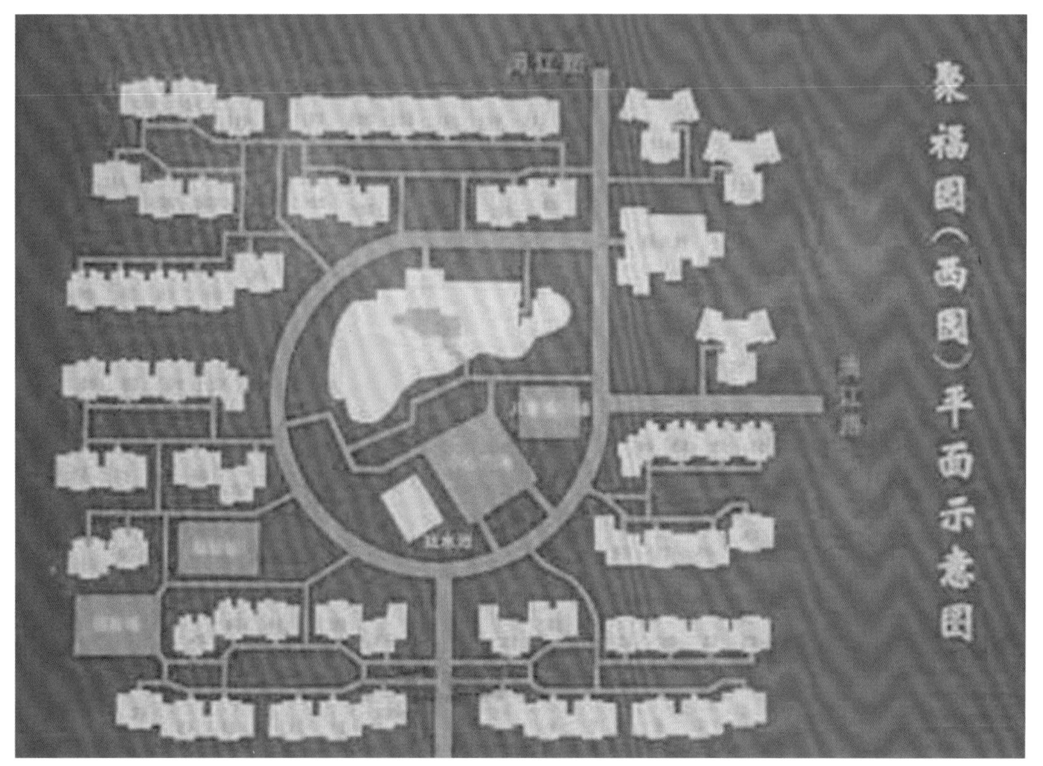

图 6-14 聚福园小区（西园）平面示意图

外墙方面：住宅外墙全部采用外保温技术，能够系统有效地解决外墙隔热保温时可能出现的冷热桥问题，相比于内保温增加了室内使用面积，同时也对外墙起到一定的保护作用，延长了建筑外墙的使用寿命，分为多层砖混结构外保温、多层异形框架结构外保温、小高层剪力墙外保温三种。

屋面方面：住宅屋面采用平顶和坡顶结合的方式，采用欧文斯科宁挤塑板（XPS）保温隔热系统和倒置式做法。欧文斯科宁挤塑板强度高且保温性能持久，使用50年后其保温隔热性能仍可保持80%以上，是目前市场上倒置式屋面最为有效的一种材料。

门窗及阳台：在外门窗及阳台封闭门窗设计上，聚福园在南京首次采用阻断型铝合金型材加双层中空玻璃。阳台的冬季温度比北房间高5℃左右，形成暖阁。使用调查显示，在冬天特别是有老人和小孩的家庭，对阳台的使用率提高。

3. 雨水利用

小区设计师设计了一个工艺流程，可以将雨水回收处理作为景观用水的补充水源。通常景观区域内小范围的雨水收集可利用屋面与路面雨水收集系统来完成，而大面积的雨水收集则要结合地形来完成，通过地形的营造来组织汇集排水。聚福园小区由落水管收集屋面雨水，雨水口收集路面和绿地雨水。其中路面雨水的收集要经过雨水篦子和筛网，这样就能拦截大的漂浮物，保持管道的畅通。收集来的雨水要经过处理，常规的雨水处理过程包括：用筛网与格栅拦截大块杂质与悬浮物；雨水进入混凝设备进行混凝沉淀，屋顶径流的雨水经过这一步的沉淀之后就能用于绿地灌溉；道路径流的雨水由于污染较严重，经混凝沉淀后还要进一步的进行过滤处理。聚福园小区的雨水处理流程图如下（图6-15）：回流的雨水处理后进入景观用水的循环管道，用作灌溉、洗车、景观用水的循环补充水等。这个系统的运用达到了节约水资源的效果。

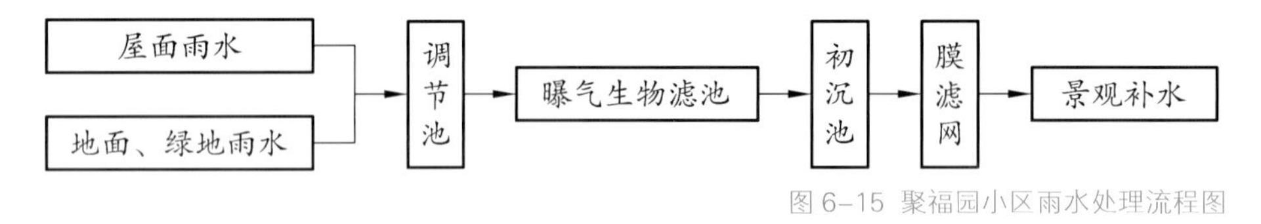

图6-15 聚福园小区雨水处理流程图

第三节 后现代景观设计

一、后现代景观概念

1. 后现代主义

“后现代”一词出现较早，1870年，英国画家约翰·沃特金斯·查普曼提出“后现代绘画”（Postmodern Painting），用来指一种比法国印象派更现代、更先锋的绘画创作。关于后现代主义的概念有着不同的定论，综合诸多观点，后现代主义集合着彼此矛盾的态度和理论，其后现代特征主要表现为：反对理性至上和科学至上；反基础主义，倡导不确定性和差异性；主张多元论，反对中心主义；怀疑理性和科学能带来自由和解放；批判传统的形而上学。

广义的“后现代主义”是一场声势浩大、影响广泛的文化运动，其脉络是自西方国家开始蔓延，其影响范围甚广，几乎包括了和文化相关的所有领域：从建筑学到设计艺术、绘画、音乐，再到文学、历史学、社会自然科学等等各个方面。

狭义的“后现代主义”指的是二十世纪六七十年代西方设计思潮向多元化方向发展的一个新流派。这种设计思潮是从西方工业文明中产生的，是工业社会发展到后工业社会的必然产物；同时，它又是从现代主义里衍生出来，是对现代主义的反思和批判。

2. 后现代主义景观设计

后现代主义景观发展至今，仍然没有一个明确的定义和概念，主要存在广义的和狭义的两种后现代主义景观观点。广义的后现代主义景观指在文化上的后现代主义影响的景观设计。从表面上看，文化上的后现代主义指现代主义之后的各种风格，或者某种风格。它是受西方现代美学理论、后结构主义、新马克思主义思潮和女权主义的影响，具有向现代主义挑战，或否定现代主义的内涵，标志着与现代主义的精英意识和崇高美学的决裂。它强调否定性、非中心性、破碎性、反正统性、非连续性以及多元性为特征，消解现代主义的抽象的、超验的、中心的、一元论的思维体系。

狭义的后现代主义景观一般指反对现代主义的纯粹性、功能性和无装饰性为目的，以历史的折衷主义、戏谑性的符号和大众化的装饰风格为主要特征的景观设计思潮。后现代主义景观关注人们精神层面，是以场所的意义和情感体验为核心的，它的存在满足了人们趣味、个性的精神需求。景观建筑师吸收了很多后现代设计概念和新艺术手法，如构图的隐喻、视觉的变化和色彩对比等，但是他们并没有彻底抛弃树木、花草、水体、山石等传统设计元素，而是将二者有机结合，营造出新的场所意义。因此，他们的后现代倾向显得温和而谨慎。人在场所中并非扮演主体的角色，但人和景观始终是互动的关系，有时候人甚至也成为景观构成元素的一部分。因此，无论景观建筑师在设计中的表现多么前卫，其所营造的场所氛围和意义始终是人与自然关系的和谐。

二、后现代景观设计案例分析——巴黎雪铁龙公园

1. 项目介绍

雪铁龙公园（Parc Andre Citrone），占地 45 公顷，位于巴黎西南角，濒临塞纳河，是利用雪铁龙汽车制造厂旧址建造的大型城市公园。该公园带有明显的后现代主义的一些特征，选用拼贴式复古主义，其文脉的复古并非对传统景观元素的简单复制，而是以现代造景手法，采用象征和隐喻的手法对传统进行阐述和再现。园由南北两个部分组成。法国建筑师 P.Berger 负责北部的设计，北部包括白色园、2 座大型温室、6 座小温室和 6 条水坡道夹峙的序列花园以及临近塞纳河的运动园等。景观设计师 A.Provost 和建筑师 J.P.iguier 和 J.F.Jodry 负责南部设计，包括黑色园、变形园、中心草坪、大水渠、水渠边的 7 个小建筑以及边缘的山林水泽仙水洞窟等。

2. 整体布局

平面布局呈几何形式，是一系列大大小小的矩形在平面组合，带有法国古典园林的典型特征（图 6-16）。但是一条横空出世的斜线却从头到尾一切到底。一系列有矩形边界的空间组成了面向塞纳河的轴线。雪铁龙公园作为遗址公园，并没有像其他相同情况的公园一样保留工厂一流痕迹，但是却保留了原来的空间结构。

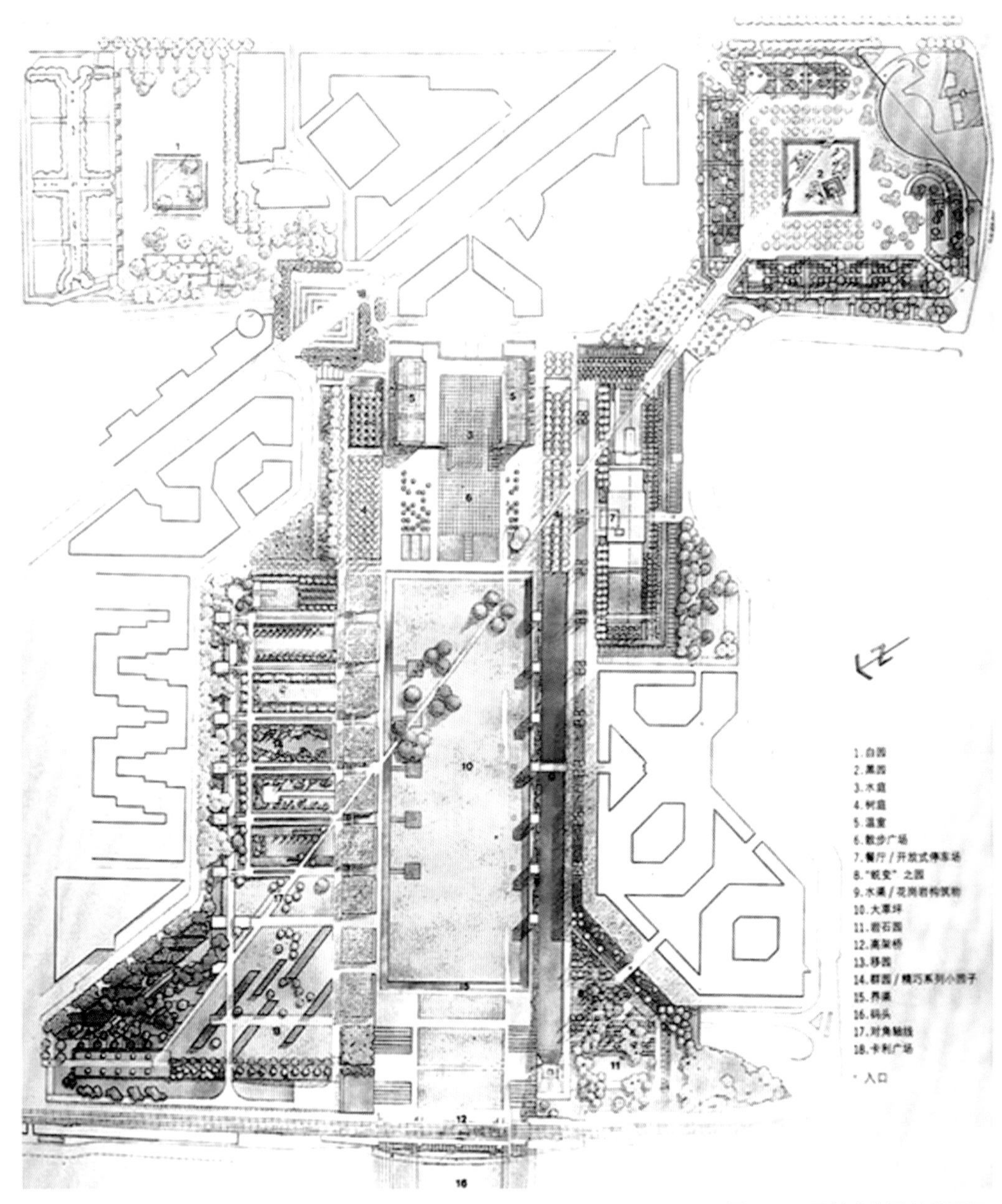

图 6-16 雪铁龙公园总平面图

3. 历史特征

垂直于河岸的通道为工业生产提供了连接码头和厂房的最高效的联系，场地上的斜向联系则一直都存在着，是城市路网的重要历史信息。由此，正是场地的文脉和空间结构催生了现在的雪铁龙公园。现在的雪铁龙公园是在场地上模拟了原来工厂的物质能量流动途径。虽然在园内看不到雪铁龙工厂的厂房或者原来工业生产时所用的机械装备等，但是工厂留给这片土地的痕迹已经通过公园的整体空间布局呈献给了公园的使用者。

4. 空间类型

全园中，开放空间轴线明显，贯穿主园区中心带，两个社区私密空间分布在两侧小尺度主题庭院中，半开放空间位于部分建筑前广场和连接地铁站的黑色园。其中，在高架路桥下的塞纳河一侧入口旁，设置有斜面跌水围合而成的下沉空间，水声隔断了外界车流噪声，使得此处成为冥想的私密之所。

追求自然与个性，强烈的平面结构形式通过一系列小花园与自然相融合。这些以植物种植为主的花园各有主题比如黑与白、岩石与苔鲜、废墟、变形并通过不同植物种类和小品、地面材质的对比以突出个性与特征；通过技术手段水元素得到淋漓尽致地运用；广场中央的柱状喷泉、围绕大草坪的运河、跌水、瀑布，丰富了公园的视觉、听觉效果；一条斜穿大草坪的老路保留下来印证了雪铁龙工厂甚至更早的历史痕迹，同时也是园内的主要步行道。

5. 空间要素

大草坪：整个公园的核心是临塞纳河设置了一个巨大的广场型绿地，呈斜坡面向塞纳河，广场周围，规划了运河、大型玻璃温室、系列花园，公园全部面向公众开放。设计师无论在平面布局上，还是建筑与环境小品处理上，力求在继承法国园林传统的同时，建设一个现代城市公共绿化空间。[图 6–17（a）、图 6–17（b）]

图 6–17 大草坪实景图（a）

图 6–17 大草坪实景图（b）

七个园景：全园有“金色园”“红色园”“白色园”“橙色园”“绿色园”“蓝色园”以及“活园”这 7 个园组成一系列的空间。设计师用色彩带给人的情感联想来诠释日常生活中人们每一天的情绪变化，这些色彩主题的体现依靠的是植物材料。金色园运用了多种彩色叶植物，在春天来临之际呈现出鲜嫩的金黄；红色园的乔木主要运用海棠和桑树，既有明艳的红色海棠花，又有暗红的桑葚；白色园的色彩主要依靠类似日本枯山水庭院般的白色卵石来体现，周边色彩浓暗的常绿灌木衬托了卵石的白色，两侧列植的小乔木满树银枝也配合了色彩主题；橙色园主要依靠波斯铁幕橙红色的叶色，日本花柏橙黄色的叶片，栾树的黄花，再配以多种杜鹃及其他草木花卉的色彩；绿色园上有数种槭树科及墨西哥橘等高大阴森的乔木，下有大黄等色叶浓绿的灌木，形成了一派饱满欲滴的深绿；蓝色园主要依靠多种蓝色的草本花卉，在阳光下这些花朵的蓝色显得更加响亮清脆。[图 6–18（a）、图 6–18（b）、图 6–18（c）]

图 6–18 园景实景图（a）

图 6–18 园景实景图（b）

图 6-18 园景实景图（c）

运动园：运动中的园，是一座有鲜活生命的园。这个区域内的植物都是播种种植的，植物的生长完全不受约束（图 6-19），也从来没有人对植物进行修剪。连野草都被一视同仁看作这个空间的一部分。园中没有非常明确的路径，走的人多了也就成了路（图 6-20）。植物间的相互竞争，以及人类活动的参与和影响都是此处空间构成的驱动力。在这种情况下，就形成了颇具野趣的丰富植物空间。

图 6-19 自然生长的植物

图 6-20 自然形成的路

铁路沿线的空间 ：总平面图的东南角有一块三角形的区域。塞纳河的左岸铁路凌空而过，将河岸与公园完全的分割开来。铁路线造成公园与水面视觉联系的完全中断，而且每几分钟就疾驰而过的火车带来无法消除的噪声。一组 3 米高的墙体分割围合的小空间，在下形成一组递进的序列，在上形成立体步行系统。

递进的空间序列由三部分组成，第一部分是两组水瀑夹持的小空间，第二部分是以黄杨花坛和桦树组合为中心的庭院，第三部分是整体修剪的灌木群和步道组成转折过区域。

两个大温室：作为公园中的主体建筑，如同巴洛克花园中的宫殿，温室前下倾的大草坪又似巴洛克园中宫殿前下沉式大花坛的简化。[图 6.21（a）、图 6.21（b）]

图 6-21 两个大温室（a）

图 6-21 两个大温室（b）

雪铁龙公园展示的是具有活力的美丽的自然，变化丰富的、不断生长的具有生命力的和有规律的自然，并追求自然与人工、城市及建筑的联系与渗透，是一个富有创意的、供人们在此沉思，令人联想到自然、宇宙或者人类自身的文化性公园。

本章小结：

本章主要阐述了新思潮景观设计，从景观都市主义、低碳景观设计以及后现代景观设计三个设计理论进行展开探讨，期许初学者对景观设计的前沿理论有所掌握，在做设计的时候切实运用理念。

思考与练习：

1. 比较景观都市主义、低碳景观、后现代景观三种设计理论的异同点。
2. 研究景观都市主义、低碳景观、后现代景观三种理论的适用范围及其他案例，并进行总结。
3. 学习国际前沿的其他景观设计理论。

第七章 国外景观设计

第七章课件

本章知识点：

◎ 国外景观发展的脉络。
◎ 国外优秀景观设计师的设计风格、手法。
◎ 优秀景观作品的可取之处。

学习目标：

掌握国外近现代景观的发展概况，对国外优秀景观设计师及其作品有一个总体的认识和学习。

第一节 英国景观设计

欧洲的造园艺术经过3个重要的时期：从16世纪中叶往后的100年，是意大利领导潮流；从17世纪中叶往后的100年，是法国领导潮流；从18世纪中叶起，领导潮流的就是英国。英国造园艺术可以说是西方艺术中的一个例外。

英国早期园林艺术，也受到了法国古典主义造园艺术的影响，但由于唯理主义哲学和古典主义文化在英国的发展时间较短，英国人更崇尚以培根为代表的经验主义，表现在造园上，英国人怀疑几何比例的决定性作用。

18世纪，英国造园艺术开始追求自然，有意模仿克洛德和罗莎的风景画。到了18世纪中叶，新的造园艺术——自然风致园趋于成熟，在此期间，英国几何式的景观格局走向没落，笔直的林荫道、绿色雕刻、图案式植坛以及修筑得整整齐齐的池子已不再出现，花园就是一片天然牧场的样子，以草地为主，其中生长着自然形态的老树，有曲折的小河和池塘。18世纪下半叶，浪漫主义渐渐兴起，在中国造园艺术的影响下，英国造园家不满足于自然风致园的过于平淡，追求更多的曲折、更深的层次、更浓郁的诗情画意，对原来的牧场景色加工多了一些，自然风致园发展成为图画式园林，具有了更浪漫的气质，有些园林甚至保存或制造废墟、荒坟、残垒、断碣等，以造成强烈的伤感气氛和时光流逝的悲剧性。

在英语中，传统园林称为Garden或Park。从14、15世纪到19世纪中叶，西方园林的内容和范围都大大拓展，园林设计从历史上主要的私家庭院的设计扩展到公园与私家花园并重。园林的功能不再仅仅是家庭生活的延伸，而是肩负着改善城市环境，为市民供休憩、交往和游赏的场所。在西方，园林（Garden或Park）概念自此开始逐渐发展成为更广泛的景观（Landscape）的概念。19世纪下半叶，Landscape Architecture一词出现，现在成为世界普遍公认的这个行业的名称。

1. 杰弗里 · 杰里科的景观设计

杰弗里 · 杰里科（1900—1996）是英国景观发展史上最具影响力的人物之一，美国近现代景观设计师迈克 · 唐宁评价他是“英国景观学会的生命和灵魂”。作为景观规划设计界的一代先驱、首届国际景观规划设计师联合会（IFLA）主席，杰里科的经历与国际景观规划设计学科专业的发展紧密相关。

杰里科的设计生涯非常漫长，跨越了近 70 年的时间，完成了 100 多个项目。在他从事现代景观设计之前，就对古典园林有了深入的研究，年仅 25 岁就完成了一部著作《意大利文艺复兴园林》，这一经历也深刻影响了他的景观设计生涯。杰里科的作品很多都受到了古典园林的熏陶，如迪去雷庄园、舒特住宅花园，古典造园要素的引入，古老庄园神秘气息的创造成为杰里科作品的一贯风格。同时，杰里科还是一位追求创新的现代主义设计师，他热爱阅读，喜欢中国古典哲学思想，对现代艺术也非常着迷，他的一生都在追求一种与西方文化相协调的设计哲学。杰里科在他 75 岁时完成了《人类的景观造园》，从一个学者的角度探讨了世界园林历史和文化，展示了其渊博的知识和对园林的深刻理解。

1980 年杰里科设计莎顿庄园被认为是杰里科的顶峰。莎顿庄园始建于 1521 年，建筑风格是中世纪和文艺复兴的过渡形式，经过布朗、杰基尔等设计师设计，但是，这些景观都消失了，只留下 U 形朝北的住宅，西面有一个辅助庭院，一条长长的轴线从入口主路穿过入口庭院和住宅中心。（图 7-1、图 7-2）

图 7-1　莎顿庄园平面图

图 7-2　莎顿庄园

杰里科设计了围绕在建筑东西两侧的一系列小花园，包括苔原、秘园、伊甸园、厨房花园和围墙角的一个瞭望塔。在建筑西边杂院的后面，有一个墙围合的花园，中心是矩形的水池。这个花园通向一个更大的布置着花坛和小果树林的厨园。在东面，穿过法国式的园门，踏着长水池中的汀步，穿过壕沟，便来到了伊甸园，这是一个半规则式的花园，布置着凉亭和植物的攀援架，它和苔园被绿篱分隔开来。苔园是一个私密性很强的花园，只是一个封闭的自然场地，平面上是两个相交的圆，一块植着苔藓，一块是草地，一条弯曲的铺着块石的园路通向墙角的一个二层小塔。建筑的南面是长步道，部分路段上覆盖着凉亭，创造出带着浓荫又稍有点神秘的植物通道，长步道将意想不到的多个元素并置起来，他引导人们来到一个原有的水池和一个英国艺术家创作的白色大理石几何雕塑前，这条长步道的一端布置着一个露天音乐剧场，剧场中心是草地，周围是由紫衫树篱围合的包厢式的小空间，剧场里布置着可移动的座椅。长步道南侧的草地斜坡上，沿着建筑的轴线，设计了一组链式瀑布。从最高处的长方形水池开始，当溪水流到树林时水池逐渐伸长，形状也更加随意，变成一串长的鱼形池塘，水池、池塘间形成了瀑布，最终消失在树林背后。杰里科在住宅北面设计了一个鱼形的湖，从住宅和入口的道路上都可以看到。

这个设计特别受到了手法主义园林的影响。杰里科试图赋予园林一些含义，引喻人在宇宙中的位置等一系列的事物和思想。鱼形的池塘和小湖，隐喻水和更神秘的东西，它与周围的小山精心组合，代表着阴阳结合。杰里科认为，景观是历史、现在和将来的连续体。在这种意义上，莎顿庄园的设计是连续的，是现存轴线、视景线。

图 7-3 肯尼迪总统纪念碑

1963 年 11 月 22 日肯尼迪总统遇刺后不久，英国政府决定在兰尼米德一块可以北眺泰晤士河的坡地上建造一个纪念花园。杰里科的设计用一条小石块铺砌的小路蜿蜒穿过一片自然生长的树林，引导参观者到山腰的长方形的纪念碑。纪念碑和谐地处在英国乡村风景中，像永恒的精神，给游人凝思遐想。白色的纪念碑后的美国橡树在每年 11 月份叶色橙红，具有强烈的感染力，这正是肯尼迪总统遇难的季节。再经过一片开阔的草地，踏着一条规整的小路便可到达能让人坐下来冥思的石凳前，这里俯瞰着泰晤士河和绿色的原野，象征着未来和希望。杰里科希望参观者能够通过潜意识来理解这朴实的景观，使参观者在心理上经过一段长远而伟大的里程，这就是一个人的生、死和灵魂，从而感受物质世界中看不到的生活的深层含义。（图 7-3）

2. 唐纳德的景观设计

唐纳德（1910—1979）生于加拿大，是英国著名的景观设计师，曾学习园艺和建筑结构。他于 1937 年开始在《建筑评论》上发表一系列文章，后来这些文章被整理成《现代景观中的园林》一书。虽然唐纳德的观点几乎全是从艺术和建筑的同时代思想中吸收过来的，但他列举的一些新园林的实例，仍然对当时英国传统的园林设计风格产生了很大冲击。

书中提出现代景观设计包括三个方面，即功能、移情、艺术。唐纳德认为，功能是现代主义景观最基本的考虑，是三个方面中最首要的；移情方面来源于唐纳德对日本园林的理解，他通过分析日本园林，提出要从对称的形式束缚中解脱出来，提倡尝试日本园林中石组布置的均衡构图手段，以及从没有感情的事物中感受园林的精神的设计手法；第三个方面是在景观设计中运用现代艺术的手段。在唐纳德设计的作品中，抛弃了传统园林中虚饰和过分的幻想，他喜欢 18 世纪传统花园中的两个方面，即框景和透视线的运用。

1942 年他发表了文章《现代住宅的现代园林》，文中提出景观设计师必须理解现代生活和建筑，在园林中要创造三维的流动空间，为了创造这种流动性，需要打破园林中场地之间的严格划分，运用隔断和能透过视线的种植设计来达到。文章中还提到了景观中使用的一些新材料，如玻璃、耐风雨侵蚀的胶合板和混凝土。这些特点在他设计的 Rhode Island 的 Newport 的一个园子中体现出来。花园中，草地从建筑平台延伸至一个矩形水池边，池中布置着现代雕塑，几株紫杉与它取得构图上的均衡，在左边的草地上，有两个圆形的水池和绿篱，右边有一个稍大一点的水池，中间有喷泉。这个设计考虑了形式、光影以及灵活的室外空间，并用类似建筑的手法来处理植物材料。1939 年，唐纳德接受哈佛大学设计研究生院院长格罗皮乌斯的邀请，去哈佛任教。

1935 年，唐纳德为建筑师谢梅耶夫设计了名为“Bentley Wood”（本特利树林）的住宅花园。住宅的餐室透过玻璃拉门向外延伸，直到矩形的铺装露台，露台的一个侧面用围墙起来，尽端被一个木框架限定，框住了远处的风景。在木格附近一侧的基座上，侧卧着亨利·摩尔的抽象雕塑，面向无限的远方，基座一旁有一小段台阶。唐纳德将功能、移情和艺术完美地结合起来。（图 7-4、图 7-5）

图 7-4 本特利树林的住宅花园

图 7-5 本特利树林的住宅花园

St.Ann’s Hill 住宅花园基地位于一个风景园的环境中，原有的坡顶的建筑边上是澳大利亚建筑师 Mc Grath 设计的白色现代主义住宅，tunnard 设计中保留了新、旧建筑之间原有的荷兰式厨房花园和基地上较好的植物，并把住宅、花园和周围风景园有机地结合在一起。在紧邻建筑的一侧，布置了一个规则式平台花园，有水池和漂亮的花卉，一道特别开敞的翼墙分隔了平台和缓坡草地，空间虽有区分，自然景色却一览无余。在建筑的林一侧，非常大胆地布置了弧形泳池平台，弧的中心是杜鹃花丛。在建筑的屋顶花园上，可以透过建筑上白色混凝土构架形成的框景，欣赏花园和周围多样的大自然景观。（图 7-6、图 7-7）

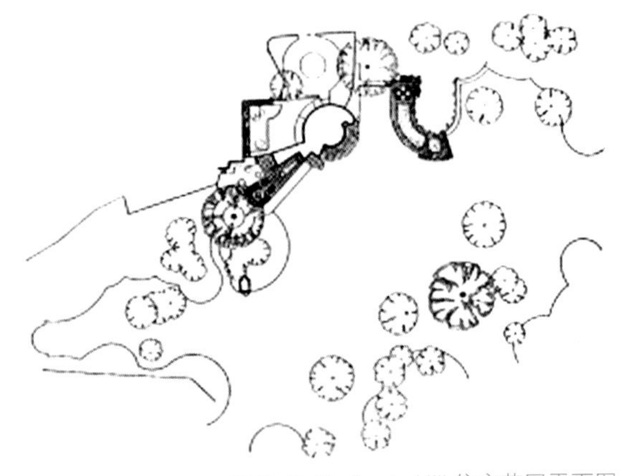

图 7-6 St. Ann’s Hill 住宅花园平面图

图 7-7 St. Ann’s Hill 住宅花园平面图

第二节 德国景观设计

德国在经历了上千年历史的几何式园林之后，1750 年后德国的景观设计师纷纷赴英学习自然风景园。1770 年左右，德国开始出现自然风景园，此时的园林还不是纯净的自然风景园，至少是自然风景式园林加上众多点景物。之后德国的风景园中自然风景式比重越来越大，点景物越来越少。19 世纪后出现了纯净的自然风景园，并且涌现出大批经典作品，风景园在德国达到了高潮。19 世纪中叶以后，自然风景园不再产生新的思想与新的理论，美国自然式与几何式混合的园林成为德国园林设计的蓝本，自然风景园结束了。但是德国园林的整体气氛还是自然式的，整体上也并没有回到几何式园林上去。到了第二次世界大战以后，几何园在联邦德国受到轻蔑，自然式蔚然成风。从那时起，联邦德国建造的大型公园几乎全是自然式的，现代自然风景园是全体公民的消遣休憩区，不仅是一个艺术品。1951 年起举办两年一届的联邦园林展，改善城市环境，促进城市重建和更新。民主德国、联邦德国统一后，生态设计思想更加普及，德国设计师面对战争留下的瓦砾堆、大工业萧条后留下的大片废弃地，以新的审美观和生态技术将历史重新诠释出来。20 世纪 90 年代以后，在德国出现了以大地艺术手段参与废弃地更新的大量实例。

1. 德国景观设计师——卢茨

卢茨 1926 年出生于一个园林世家。在第二次世界大战后德国的大学教育受到严重损害，教育非常不健全，但是家庭背景使卢茨有机会进行专业的学习和训练。他随从著名的景观设计师哈克学习园艺，1929 年建立了设计事务所，并且在斯图加特接任卢茨的父亲卡尔 · 卢茨在斯图加特园林规划与实施部门中的职位。瓦伦丁完成大量的设计项目，成为德国战后著名的景观师，对德国设计领域有不小影响，许多设计师出自他的门下。

卢茨 30 岁时建立了事务所，在随后的年代里迅速成长，连续赢得设计竞赛，1975 年成为斯图加特大学荣誉教授，1977 年获得斯开尔奖，确立了在德国景观规划设计界的地位。

在 40 年的职业生涯中，卢茨在不同的领域完成众多的项目。他早期的作品大多是建筑的外环境设计，平面严谨，植物多样，后来作品逐渐灵活，但都与使用功能紧密联系。斯图加特绿地系统是卢茨最有影响力的作品之一。卢茨的职业生涯一直与斯图加特市的发展联系在一起。他呼吁任何合作者、规划师、决策者不要忘记，城市中要有园林的位置，植物对城市形象、气候和生活非常重要。1993 年，通过国际园艺博览会在斯图加特市举办的机会，卢茨把城市原有的分散绿地连成一个环绕城市东、北、西的长 8 千米的 U 形绿环，并把市中心通过绿地与这条绿环联系起来，彻底改善了城市的环境。

埃特林根市公园是卢茨的另一个重要作品，这个公园是 1988 年巴登—符腾堡州园林展展园一部分，园林下是地下停车场，周围与城市相连。卢茨的设计将乔木种植在公园外围，中心是微微起伏的草地和水池，一些紫衫绿篱围合成不同用途的亲切的小空地。地下车库的出入口经过了精心设计，出口与人口分开布置，使得出入口不至于过大，而道路又弯曲。（图 7-8、图 7-9）

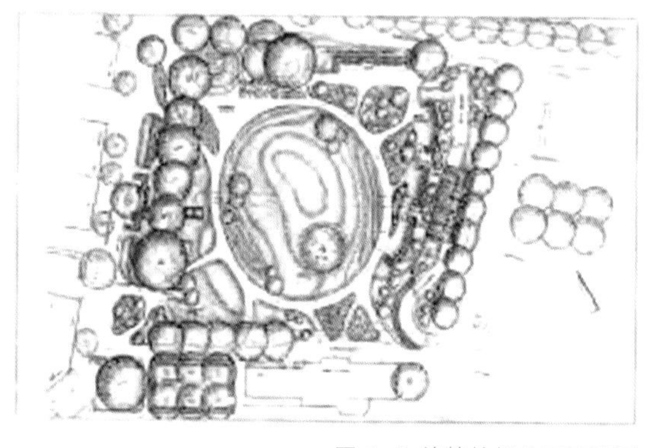
图 7-8 埃特林根公园平面图

图 7-9 埃特林根公园

2. 彼得拉茨

拉茨1939年出生于德国达姆斯塔特，父亲是一位建筑师。童年时他就在父母的花园里种植蔬菜。十五岁时，便种植了一处拥有几百棵果树的果园，在以后的很多年中，他能为父母和亲戚朋友们提供新鲜的蔬菜水果，后来又用卖果园赚的钱供自己上学。对栽培果树和有关果树方面的兴趣至今还体现在他的规划中。由于父亲的影响，他对建筑产生浓厚的兴趣，也获得了许多重要的专业知识和技能。在他上中学的时候，就决定了将来要做一位景观设计师，这样他可以像建筑师那样创造性地工作，但是用更多的植物材料。

1964年拉茨毕业于慕尼黑工大景观设计专业，然后在亚琛工大继续学习城市规划和景观设计，1968年毕业后建立了自己的设计事务所，并在卡塞尔大学任教，在那里，他有机会与很多工程师、艺术家和建筑师合作，接触不同的行业、学习不同的技术。他们探讨的问题包括屋顶花园、水处理、太阳能利用等，并且积极地把研究的理论附诸实施。这些研究与合作使他受益匪浅，对他今后的事业发展和在景观设计中始终贯彻技术和生态的思想产生了深远的影响。

1983年拉茨在卡塞尔市建造了自己的住宅，这是一处以利用太阳能为主的生态住宅，在当时并不多见，这一住宅赢得了相关的建筑奖。后来他移居慕尼黑附近，在那里他又为自己的家和事务所建造了类似的住宅。拉茨从建造住宅的过程中学到许多相关的知识，这种体验对于他的景观设计实践也非常重要。

拉茨认为，景观设计师不应过多地干涉一块地段，而是要着重处理一些重要的地段，让其他广阔地区自由发展。景观设计师处理的是景观变化和保护的问题，要尽可能地利用在特定环境中看上去自然的要素或已存在的要素，要不断地体察景观与园林文化的方方面面，总结它的思想源泉，从中寻求景观设计的最佳解决途径。

设计之初应尽可能采用一种理性的、结构清晰的设计方法，设计师首先要建立一个理性的系统，即对于特定项目的观念和哲学的系统。在不同的项目中，规划可以有很多变化。只要一个规划项目是在不断发展的，就会有某些不可预见的情况，这意味着要在做的时候，就能预想到以后的发展。

对于传统园林，拉茨认为，应该学习借鉴，但是不能照搬。过去的许多手法他在设计中也经常运用。他的设计不是故意违背传统，追求标新立异，但也不追求与传统的一致，而是寻求适合场地条件的设计，追求的是地段的特征。他对自然与美有自己的理解。例如，他从来都不认为采石场是刹风景的东西，相反，在他眼里，它极富魅力。还有，他认为，熔化的铁水在凝固时产生的肌理和铁块的锈蚀本身就是一种自然，比起种植花木毫不逊色，甚至要更自然一些。也正因为如此，他在杜伊斯堡风景公园中让粗糙的铁板裸露地面，让钢铁的构筑物自然锈蚀。这种与众不同的理解也许就是他的作品不同于传统的原因。

拉茨非常欣赏密斯凡德罗的建筑，特别是密斯建筑中“少”与“多”的关系。他常常在景观设计中利用最简单的结构体系，如在港口岛公园中，他用格网建立了简单的景观结构。他认为港口岛的这一结构体系是非常自然的，就像在大地上已经存在的一样。形式和格网在拉茨的许多规划设计中扮演了重要角色。

拉茨感叹现代景观设计与相关学科相比发展的滞后，他认为，景观设计的理论与实践至少落后于艺术和建筑二十年。五十年代有一些借鉴建筑语言的较乏味的设计，但也只是过眼烟云。除了个别园子以外，大多数的园林中缺少一种真正理智地与现代主义的对话，而流于一种表面的尝试。从来没有真正的包含大众文化和后现代主义的园林，景观设计师几乎没有找到通往后现代园林艺术的切实可行的道路。现在，又没有仔细考虑结构主义，尽管它特别适合于表达景观结构。大多数景观设计师或者玩一些形式的游戏，或者一头钻进了历史，他们不敢用体现当代文化的设计语言。景观设计要赶上艺术与建筑发展的步伐，需要做更多的事。

拉茨认为，技术、艺术、建筑、景观是紧密联系的。例如，技术能产生很好的结构，这种结构具有出色的表现力，成为一种艺术品。杜伊斯堡风景公园中的铁路公园就是由工程师设计的。拉茨在设计中，始终尝试运用各种艺术语言。如在杜伊斯堡风景公园的由铁板铺成“金属广场”和他在法国 Tours 附近设计的国际园林展花园中就能看到极简主义艺术语言的影子，杜伊斯堡风景公园中地形的塑造、工厂中的构筑物、甚至是废料等堆积物都如同大地艺术的作品。事实上，在国际建筑展埃姆舍公园中，有关艺术的主题也越来越多。拉茨的作品从很多方面是难以用传统园林概念来评价的，他的园林是生态的，又是与艺术完美融合的，他在寻求场地、空间的塑造中，利用了大量的艺术语言，他的作品与建筑、生态和艺术是密不可分的。

面积 200 hm^2 的杜伊斯堡风景公园是拉茨的代表作品之一，公园坐落于杜伊斯堡市北部，这里曾经是有百年历史的钢铁厂，钢铁厂于 1985 年关闭了，无数的老工业厂房和构筑物很快淹没于野草之中。1989 年，政府决定将工厂改造为公园，成为埃姆舍公园的组成部分。拉茨的事务所赢得了国际竞赛的一等奖，并承担设计任务。从 1990 起，拉茨与夫人领导的小组开始规划设计工作。经过努力，1994 年公园部分建成开放。规划之初，小组面临的最关键问题是这些工厂遗留下来的东西，能否真正成为公园建造的基础，如果答案是肯定的，又怎样使这些已经无用的构筑物融入今天的生活和公园的景观之中。拉茨的设计思想理性而清晰，他要用生态的手段处理这片破碎的地段。（图 7-10）

图 7-10 杜伊斯堡风景公园

首先，工厂中的构筑物都予以保留，部分构筑物被赋予新的使用功能，高炉等工业设施可以让游人安全地攀登、眺望，废弃的高架铁路可改造成为公园中的游步道，并被处理为大地艺术的作品，工厂中的一些铁架可成为攀缘植物的支架，高高的混凝土墙体可成为攀岩训练场……公园的处理方法不是努力掩饰这些破碎的景观，而是寻求对这些旧有的景观结构和要素的重新解释。设计也从未掩饰历史，任何地方都让人们去看，去感受历史，建筑及工程构筑物都作为工业时代的纪念物保留下来，它们不再是丑陋难看的废墟，而是如同风景园中的点景物，供人们欣赏。（图 7-11、图 7-12）

图 7-11 杜伊斯堡风景公园

图 7-12 杜伊斯堡风景公园

其次，工厂中的植被均得以保留，荒草也任其自由生长。工厂中原有的废弃材料也得到尽可能的利用，红砖磨碎后可以用作红色混凝土的部分材料，厂区堆积的焦炭、矿渣可成为一些植物生长的介质或地面面层的材料，工厂遗留的大型铁板可成为广场的铺装材料。（图 7-13）

图 7-13 杜伊斯堡风景公园

最后，水可以循环利用，污水被处理，雨水被收集，引至工厂中原有的冷却槽和沉淀池，经澄清过滤后，流入埃姆舍河。拉茨最大限度地保留了工厂的历史信息，利用原有的“废料”塑造公园的景观，从而最大限度地减少了对新材料的需求，减少了对生产材料所需的能源的索取。在一个理性的框架体系中，拉茨将上述要素分成四个景观层：以水渠和储水池构成的水园、散步道系统、使用区以及铁路公园结合高架步道。这些层自成系统，各自独立而连续地存在，只在某些特定点上用一些要素如坡道、台阶、平台、和花园将它们连接起来，获得视觉、功能、象征上的联系。

由于原有工厂设施复杂而庞大，为方便游人的使用与游览，公园用不同的色彩为不同的区域作了明确的标识：红色代表土地，灰色和锈色区域表示禁止进入的区域，蓝色表示为开放区。公园以大量不同的方式提供了娱乐、体育、和文化设施。独特的设计思想为杜伊斯堡风景公园带来颇具震撼力的景观，在绿色成荫和原有钢铁厂设备的背景中，摇滚乐队在炉渣堆上的露天剧场中高歌，游客在高炉上眺望，登山爱好者在混凝土墙体上攀登、市民在庞大的煤气罐改造成的游泳馆内锻炼娱乐，儿童在铁架与墙体间游戏，夜晚五光十色的灯光将巨大的工业设备映照得如同节日的游乐场……我们从公园今天的生机与十年前厂区的破败景象对比中，感受到杜伊斯堡风景公园的魅力，他启发人们对公园的含义与作用重新思考。

第三节 美国景观设计

美国园林是以西欧自然式园林为主体发展而成的，属于世界三大园林的西方园林类。和法国园林不同的是美国园林更具有现代气息，美国的现代园林是通过私家庄园、公共墓地及小广场发展而来的。

1857年弗雷德里克·劳·奥姆斯特德和弗克斯设计了纽约中央公园，开创了美国园林的新时代。当时，他被指定为建设中的纽约城新“中央公园”的主管。在奥姆斯特德的指导下，该公园得以在战后续建，这种建造于寸土寸金之地的大型公共园林，无疑为拥挤繁华的纽约市中心提供了一处感受大自然、放松身心的清新场所。

在美国，对于自然式风景造园学的基本鉴赏已发展为两个不同的方向。一方面是针对私人地产和城市公园，表现为自然主义的、不规则样式的设计倾向；另一方面则是出自对教育、健康和游憩娱乐的考虑，由此展开了保持大面积本土景观的运动。我们对自然风景的保留是为了更好地予以利用，所以，这种保留的内容是很广泛的；而对于美国景观建筑学而言，对于这方面内容的研究可能最具有重大意义。由于许多的保留场地都是通过私人购买而获取，或经由持有狩猎、捕鱼地产的私营俱乐部，或仅仅作为常规游憩活动的“乡村俱乐部”，到目前为止，最大面积和最重要的区域都属公众所有和使用。这些保护区的主要类型包括：国家公园、国家森林、国家纪念地、州立公园、州立森林，和历史上闻名的各种场所。

1. 美国景观设计师——斯蒂里

斯蒂里1885出生于纽约州的彼茨伏特，从威廉姆斯学院毕业后，于1907年进入了哈佛大学学习景观规划设计。斯蒂里本人的作品多是为上流社会设计的。他曾倾向于“意大利派”和“学院派”以寻求设计的源泉。虽然他对法国的前卫设计表示赞赏，但当他试图在自己的设计中运用现代概念时，却看起来像是在用现代的碎片修补个过时的结构。1925年斯蒂里在巴黎参观了“国际现代工艺美术展”，受到了很大启发。此后，他的设计更加大胆，形式也更加抽象。1926年，斯蒂里结识了乔埃特女士，两人自此开始了长达30年的友谊，在此期间共同完成了乔埃特的庄园瑙姆科吉中一系列小花园的设计。

瑙姆科吉庄园位于陡峭的伯克舍山中部，建筑由年轻的建筑师怀特设计，庄园原有的花园围绕着建筑。斯蒂里第一次看到这个庄园时，就被它所吸引。花园和周围的山体赋予了斯蒂里创作的灵感，激发他对程式化的传统花园进行新的改造。（图 7-14、图 7-15）

图 7-14 瑙姆科吉庄园

图 7-15 瑙姆科吉庄园

斯蒂里并没有彻底毁掉伯瑞特的设计，他不仅接受了原有设计的框架，还保持了传统花园安逸平和的魅力。在伯瑞特的基础上他建造了一系列小花园。“午后花园”的空间借鉴了加州传统花园的形式，在园中可以看到远山的景色。花园中除了水池、喷泉和黄杨花坛外，四周的橡木立柱非常醒目。这些立柱经大胆雕刻并漆上鲜艳的色彩，柱间用粗粗的绳子装饰着，忍冬和铁线莲攀爬到绳子之上。

1931 年斯蒂里在瑙姆科吉西南部建造了一个平台花园，草地上斜向布置着弯曲的砾石带和中间的月季花坛。斯蒂里后来写道：“这至关重要的曲线形式由远处 Bear 山的曲线产生，自南部的草地开始，至树林中截止，这是一个令人满意的实验。目前据我所知，这是在统一的设计中把背景地貌形式融于一前景的第一次尝试。”

1938年斯蒂里在瑙姆科吉庄园建造了代表作——“蓝色的阶梯”，坚固的石砌台阶与纤细弯曲的白色扶手栏杆形成强烈的对比，在精心种植的白桦树丛的陪衬下，形成有趣的视觉效果。“蓝色的阶梯”清晰地展示了他运用透视法对地段富有想像力的处理。这个设计既是园林，也可看作雕塑，得到人们的赞赏。月季园和“蓝色的阶梯”中优美的曲线和其他装饰效果，具有明显的“新艺术运动”的特征。（图7-16）

图7-16 瑙姆科吉庄园

2. 托马斯·丘奇

托马斯·丘奇是美国现代园林的开拓者，他从20世纪30年代后期开始，开创了被称为加州花园的美国西海岸现代园林风格。丘奇等加州现代园林设计师群体被称为加利福尼亚学派，其设计思想和手法对今天美国和世界的风景园林设计有深远的影响。

丘奇出生于波士顿，在加利福尼亚长大。最初进入加州大学伯克利分校时，他是法律系的一名学生。然而，大学农学院的一门园林设计历史的课程深深吸引了他，促使他转向了风景园林专业。1923年，丘奇来到哈佛大学设计研究生院继续学习。在伯克利，风景园林专业在农学院，对植物比较重视，要求学生认识2 000种左右的植物；而在哈佛，这个专业在建筑系，强调形式、功能、尺度和总体规划。这样的学习对于丘奇来说无疑是一个全面的训练。

1926年丘奇获得哈佛旅行奖学金，得以去欧洲学习意大利和西班牙的园林。当时加州的庭院设计常常把加州传统的意大利或西班牙式住宅放在英国风景园的背景中。丘奇此行的目的是想根据加州的气候和社会状况吸收地中海园林的特点。他呆了半年的时间，在回国后提交的硕士论文中，他比较了地中海和美国加州在气候和景观上的相似性，研究了如何将地中海地区庭院的传统应用到加州。他发现关键是要把握尺度并在规则的建筑与外围的自然景观之间进行微妙的转换。

1927 年，丘奇回到美国，在俄亥俄州立大学教书。1929 年开始的大萧条使美国经济全面衰退，设计任务急剧减少，此时的丘奇在奥克兰的一家事务所工作了 2 年。

1932 年丘奇在旧金山开设了自己的事务所。大萧条造成的社会经济变化迫使他发展新的庭院设计模式。他将对地中海园林和加州园林的研究运用到实践中，如安排室外生活的场所、遮荫的考虑以及适应夏季干旱选择养护费用低的种植方式。他将花园视为露天客厅，是整座住宅中组成一个连续空间的元素。他用大片的铺装及地被和常绿灌木来减少维护管理的费用，原有的树木则留下来作为空间的立体对比。不过，这一时期，他的作品还是相当保守的，虽然没有模仿历史的样本，但是显然建立在传统的构图原则的基础之上。

托马斯 . 丘奇的作品：

丘奇最著名的作品是 1948 年的唐纳花园。庭院由入口院子、游泳池、餐饮处和大面积的平台所组成。平台的一部分是美国杉木铺装地面，另一部分是混凝土地面。庭院轮廓以锯齿线和曲线相连，肾形泳池流畅的线条以及池中雕塑的曲线，与远处海湾的“S”形线条相呼应。树冠的框景将原野、海湾和旧金山的天际线带入庭院中。从花园中泳池的形状和木板的铺装不难看出阿尔托的玛丽亚别墅对丘奇的影响。当时在丘奇事务所工作的劳伦斯 · 哈普林作为主要设计人员，参加了这一工程。（图 7-17、图 7-18）

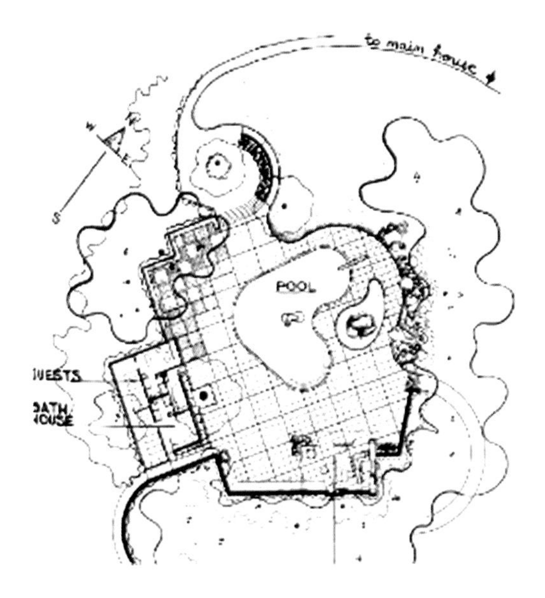

图 7-17 唐纳花园平面图

图 7-18 唐纳花园

唐纳花园几乎从建成之日开始，就声名四起，成为大家模仿的对象。这座花园里几乎包含了加州人生活中所向往的一切，并且倡导和推动了一种精神，既室内生活和户外生活占有同等重要地位，在当时也促使了这种的生活方式的形成。虽然在唐纳花园里能拍出许多美丽的照片，但对于丘奇来说，这个花园更重要的作用还是让人舒服地生活于其中，这也是丘奇设计的最终目的。就像著名建筑师威廉 · 伍斯特所概括的，建筑和花园都只是一个画框，而真正美丽的图画，是人们在园中幸福生活的场景。

本章小结：

本章主要阐述了国外景观发展的脉络，国外优秀景观设计师的设计风格、手法，优秀景观作品的可取之处，对国外优秀景观设计师及其作品有一个总体的认识和学习。

思考与练习：

1．英国景观设计的特点？
2．德国景观设计的特点？
3．美国景观设计的特点？

参考文献

[1] 王向荣，林箐. 西方现代景观设计的理论与实践 [M]. 北京：中国建筑工业出版社，2002.
[2] 刘滨谊. 现代景观规划设计 [M]. 南京：东南大学出版社，2010.
[3] 成玉宁. 现代景观设计理论与方法 [M]. 南京：东南大学出版社，2010.
[4] 刘晖，杨建辉，岳邦瑞，等. 景观设计 [M]. 北京：中国建筑工业出版社，2013.
[5] 许浩. 景观设计 : 从构思到过程 [M]. 北京：中国电力出版社，2011.
[6] 陈六汀. 景观艺术设计 [M]. 北京：中国纺织出版社，2010.
[7] 李楠，刘敬东. 景观公共艺术设计 [M]. 北京：化学工业出版社，2015.
[8] 王云才. 景观生态规划设计案例评析 [M]. 上海：同济大学出版社，2013.
[9] 周维权. 中国古典园林史 [M]. 北京：清华大学出版社，1990.
[10] 张薇. 《园冶》文化论 [M]. 北京：人民出版社，2006.
[11] 张薇，郑志东，郑翔南. 明代宫廷园林史 [M]. 北京：故宫出版社，2015.
[12] 周武忠. 园林植物配置 [M]. 北京：中国农业出版社，1999.
[13] 苏雪痕. 植物景观规划设计 [M]. 北京：中国林业出版社，2012.
[14] 蔡文明，武静. 园林植物与植物造景 [M]. 南京：江苏凤凰美术出版社，2014.
[15] 蔡文明，杨宇. 环境景观快题设计 [M]. 南京：南京大学出版社，2013.
[16] 金英伟. 景观设计：慢生活 · 城市农业景观 [M]. 大连：大连理工大学出版社，2015.
[17] 巴里 · W · 斯塔克，约翰 · O · 西蒙兹 . 景观设计学：场地规划与设计手册 [M]. 朱强，俞孔坚，郭兰，等，译. 北京：中国建筑工业出版社，2014.
[18] 西蒙兹 . 大地景观环境规划设计手册（景观设计丛书）[M]. 程里尧 , 译. 北京：水利水电出版社，2008.
[19] 艾谱莉 · 菲利普 . 都市农业设计：可食用景观规划、设计、构建、维护与管理完全指南 [M]. 申思 , 译. 北京：电子工业出版社，2014.
[20] 马修 · 波泰格，杰米 · 普灵顿 . 景观叙事：讲故事的设计实践 [M]. 张楠，许悦萌 , 译 . 北京：中国建筑工业出版社，2015.